[엑셀강좌시리즈 4]

엑셀을 이용한 토목공학 입문

IT환경기술연구회 | 저
다나카 슈조(田中修三) | 감수
황승현 | 역

도서출판 CIR 씨·아이·알

저자 서문

엑셀은 다방면에 걸쳐 다양한 기능을 가지고 있습니다. 특히 과학기술계산에 이용되는 함수들에 대해서도 충실하며, 토목공학에 있어서 유용한 툴인 것은 말할 필요도 없습니다. 또한 엑셀 프로그램을 이용하여 각각의 분야에서 기본적인 사항이나 시방규정을 이해하는 것에도 유용합니다.

엑셀은 많은 기술자에 의해 사용되면서 없어서는 안 되는 도구가 되어가고 있으며, 각각의 기술자가 필요에 따라서 자신에게 맞게 고안하여 사용하고 있습니다. 이렇게 만든 것은 지적 자산이라고 할 수 있습니다. 물론 그대로 다른 기술자가 사용할 수는 없겠지만 조금 손을 보면 활용할 수 있는 경우도 많이 있습니다.

그래서 이 책에서는 토목공학에서 다루는 다양한 분야에 대하여 실무에 활용할 수 있는 표계산 소프트웨어를 제공하는 것을 목표로 하고 있습니다. 그 때문에 현장에서 활약하는 기술자들도 집필에 참가하여 귀중한 노하우가 포함된 자료를 제공하여 다루고 있습니다.

이 책은 토목공학 중에서 엑셀활용에 특히 유용한 구조역학·지반공학·수리·측량·상하수도·시공관리 등에서 많이 사용하는 내용을 다루고 있습니다. 따라서 토목공학 전반에 걸쳐, 큰 도움이 될 것입니다. 이 책이 토목공학 실무의 효율화에 조금이라도 기여할 수 있었으면 합니다.

다나카 슈조(田中修三)

역자 서문

토목공학이라는 실무에 입문하면서 다루는 프로그램 중에서 가장 많이 사용하는 것이 엑셀(Excel)과 캐드(CAD), 워드(Word)일 것이다. 캐드는 도면을 작성하는 데 필요한 프로그램이고, 워드는 보고서를 작성할 때에 사용하며, 엑셀은 각종 구조계산이나 수량산출 등, 설계나 시공에 필요한 부분에서 다목적으로 사용하고 있다.

특히 엑셀은 토목의 모든 분야에서 다양하게 사용되고 있는데, 구조분야는 물론이고, 도로·지반·수리·상하수도·수자원·하천·교통·단지 등 토목분야의 설계나 시공에서 없어서는 안 될 필수도구로 자리 잡고 있는 실정이다.

그런데 교육기관에서 토목을 전공하는 학생들에게는 엑셀을 배울 기회가 많지 않아서 실무에 입문하게 되면 많은 어려움을 겪고 있다. 이런 맥락에서 학생들이나 실무 초년생들이 유용하게 사용할 수 있도록 만들어진 엑셀 책을 번역하게 되어 실무에 종사하는 사람으로서 기쁘기 그지없다.

이 책은 토목공학 전반에 걸쳐 다양한 분야의 기초지식을 VBA(Visual Basic for Application)로 프로그램하여 쉽고 빠르게 계산하는 방법을 제공하고 있어 실무종사자나 학생에게 유용하게 사용될 것이다. 특히 이 책에서 제공하는 VBA를 이용하여 자신만의 프로그램을 만들어 실무에서의 전문가가 되었으면 하는 바람이다. 따라서 엑셀의 VBA를 공부하는 기술자나 학생들에게 도움이 되기를 희망하며 이 책이 출판되도록 도와주신 도서출판 씨·아이·알의 김성배 사장님과 직원들에게 깊은 감사를 드립니다.

2012년 5월

황 승 현

C·O·N·T·E·N·T·S

제 1 장

구조역학

1.1 반력 및 휨모멘트, 전단력의 계산

1.1.1 단순보의 계산

<그림 1.1>에 표시한 단순보에 집중하중 P가 작용하는 경우를 예로 하여 지점반력 및 지점 A에서 x만큼 떨어진 지점의 휨모멘트 M_x 및 전단력 S_x를 계산한다.

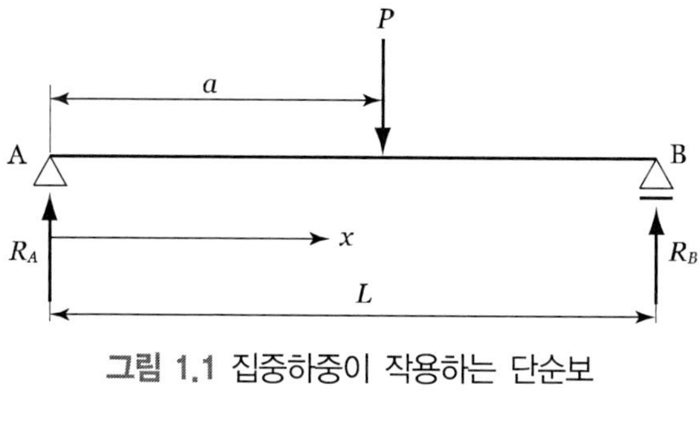

그림 1.1 집중하중이 작용하는 단순보

힘의 평형조건

수평 H, 연직 V, 회전 M의 3방향에서 모든 힘이 정적으로 평형을 이루고 있는 것을 식으로 나타내면 아래와 같이 된다.

$\Sigma H=0$ 각 힘의 수평분력의 총합은 0

$\Sigma V=0$ 각 힘의 연직분력의 총합은 0

$\Sigma M=0$ 각 힘의 모멘트의 총합은 0

<그림 1.1>의 보에서는 수평방향의 힘이 작용하지 않으므로 다음과 같다.

$$\Sigma H=0$$

연직방향의 모든 힘의 합계가 0이 되는 것에 의하면 다음 식과 같이 표현할 수 있다.

$$\Sigma V = R_A + R_B - P = 0 \tag{1.1.1}$$

여기서는 위쪽방향을 플러스(+)방향으로 하였지만, 방향에 관해서는 어느 쪽도 합계가 0이 되기 때문에 같은 결과를 얻는다.

회전하지 않는 조건(모멘트의 합계 = 0)에 의하여 A점 및 B점에 대한 모멘트의 합계는 다음과 같이 된다.

$$\begin{aligned} \Sigma M_A &= R_B \times L - P \times a = 0 \\ \Sigma M_B &= -R_A \times L + P \times (L-a) = 0 \end{aligned} \tag{1.1.2}$$

단, 반시계방향을 플러스(+)방향의 회전으로 하였다.

지점반력의 계산

식(1.1.1)과 식(1.1.2)에 의하여 아래와 같이 지점반력을 구할 수 있다.

$$R_A = P(L-a)/L$$

$$R_B = P \cdot a/L$$

전단력의 계산

전단력은 구하고자 하는 위치에 따라서 다음과 같다.

$0 \leq x \leq a$일 때

$$S_{x1} = R_A = P(L-a)/L \qquad (1.1.3)$$

$a \leq x \leq L$일 때

$$S_{x2} = R_A - P = P(L-a)/L - P = -Pa/L \qquad (1.1.4)$$

최대전단력은 R_A와 R_B 중에서 큰 쪽이 되므로 다음과 같이 나타낼 수 있다.

$R_A \geq R_B$일 때, $P(L-a)/L \geq Pa/L$에서 $a \leq L/2$
$R_A < R_B$일 때, $P(L-a)/L < Pa/L$에서 $a > L/2$

따라서

$a \leq L/2$일 때

$$S_{max} = P(L-a)/L$$

$a < L/2$일 때

$$S_{max} = -Pa/L$$

휨모멘트의 계산

휨모멘트도 전단력과 마찬가지로 구하고자 하는 위치에 따라서 다음과 같다.

$0 \le x \le a$일 때

$$\begin{aligned} M_{x1} &= R_A x = \{P(L-a)/L\}x \\ &= Px - Pax/L \end{aligned} \tag{1.1.5}$$

$a \le x \le L$일 때

$$\begin{aligned} M_{x2} &= R_A x - P(x-a) = \{P(L-a)/L\}x - P(x-a) \\ &= -Pax/L + Pa \end{aligned} \tag{1.1.6}$$

단순보의 경우에 최대휨모멘트는 전단력의 정부(+, -)가 바뀌는 특이점 혹은 $S_x = 0$의 위치에서 발생한다. 본 예에서는 전단력의 정부가 바뀌는 특이점 - 하중재하위치 a에서 최대휨모멘트가 발생하므로 다음과 같이 산출된다.

$$M_{max} = R_A a = Pa(L-a)/L$$

휨모멘트도 및 전단력도는 <그림 1.2>에 표시한 것과 같다.

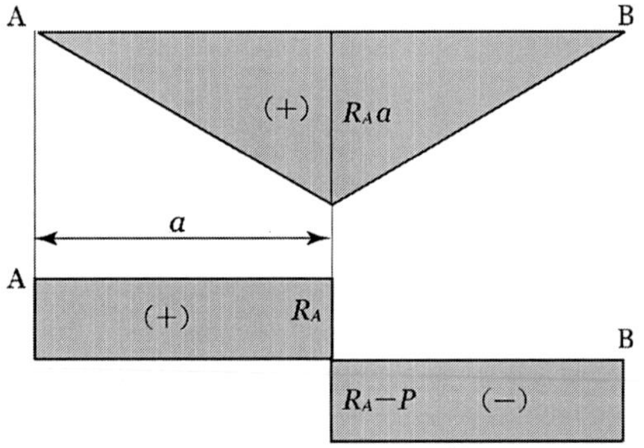

그림 1.2 휨모멘트도와 전단력도

Excel 예제 1.1 **집중하중이 작용하는 단순보의 계산**

〈그림 1.3〉에 표시한 단순보에 $P=50$kN의 집중하중이 작용할 때, 지점반력 및 $x=2$m 위치에서의 전단력 S_x, 휨모멘트 M_x, 최대전단력, 최대휨모멘트를 구한다.

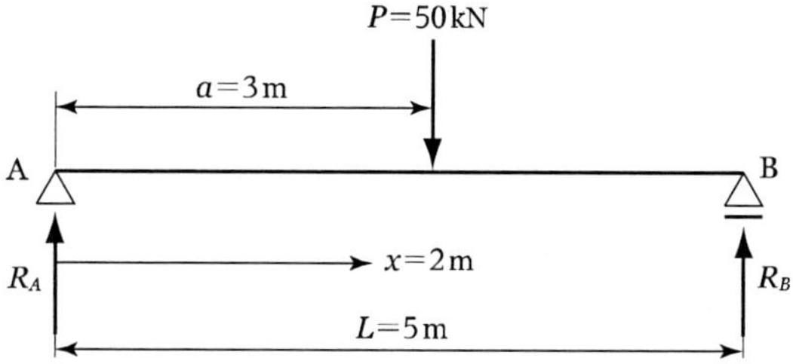

그림 1.3 집중하중이 작용하는 단순보(계산 예)

앞에서 기술한 계산에 따라 VBA(Visual Basic for Application)로 프로그램을 작성하였다. 프로그램에서는 보의 길이 L, 하중 P, 하중위치 a, 계산위치 x는 전부 임의로 설정할 수 있도록 되어 있다.

VBA (실행결과 예)

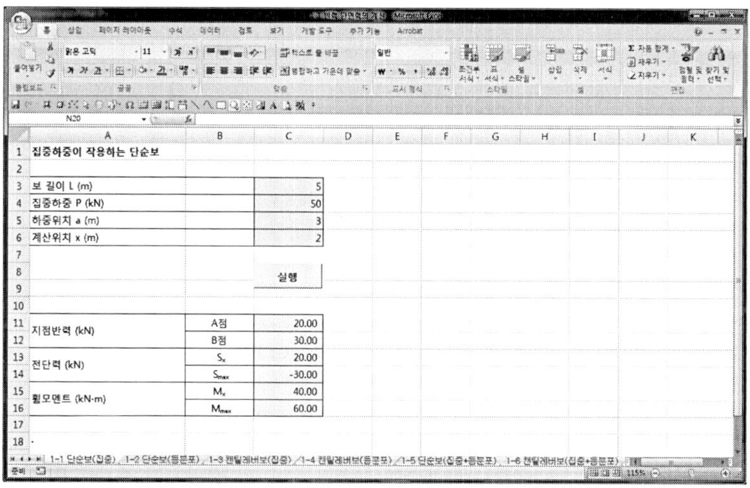

VBA 프로그램 소스

```
Option Explicit

Sub CMD실행_Click( )

    Dim 보총길이 As Double
    Dim 집중하중 As Double
    Dim 하중위치 As Double
    Dim 계산위치 As Double
    Dim 지점반력 A As Double, 지점반력 B As Double
    Dim 전단력 As Double, 최대전단력 As Double
    Dim 휨모멘트 As Double, 최대휨모멘트 As Double

    '입력
    보총길이 = Range("_보총길이")
    집중하중 = Range("_집중하중")
    하중위치 = Range("_하중위치")
    계산위치 = Range("_계산위치")

    '계산
    지점반력 A = 집중하중 * (보총길이 - 하중위치) / 보총길이
    지점반력 B = 집중하중 * 하중위치 / 보총길이

    If (0 <= 계산위치 And 계산위치 <= 하중위치) Then
        전단력 = 집중하중 * (보총길이 - 하중위치) / 보총길이
        휨모멘트 = 집중하중 * 계산위치 - 집중하중 * 하중위치 * 계산위치 / 보총길이
    ElseIf (보총길이 >= 계산위치 And 계산위치 >= 하중위치) Then
        전단력 = -(집중하중 * 하중위치 / 보총길이)
        휨모멘트 = -집중하중 * 하중위치 * 계산위치 / 보총길이 + 집중하중 * 하중위치

    End If
    If (하중위치 <= 보총길이 / 2) Then
        최대전단력 = 집중하중 * (보총길이 - 하중위치) / 보총길이
    Else
        최대전단력 = -(집중하중 * 하중위치 / 보총길이)
    End If
    최대휨모멘트 = 집중하중 * 하중위치 * (보총길이 - 하중위치) / 보총길이

    '출력
    Range("_지점반력 A") = 지점반력 A
    Range("_지점반력 B") = 지점반력 B
    Range("_전단력") = 전단력
    Range("_최대전단력") = 최대전단력
    Range("_휨모멘트") = 휨모멘트
    Range("_최대휨모멘트") = 최대휨모멘트

End Sub
```

Excel 예제 1.2 **등분포하중이 작용하는 단순보의 계산**

〈그림 1.4〉에 표시한 단순보에 등분포하중 q가 작용할 때, 지점반력 및 지점에서 x만큼 떨어진 위치에서의 전단력 S_x, 휨모멘트 M_x, 최대전단력, 최대휨모멘트를 구한다.

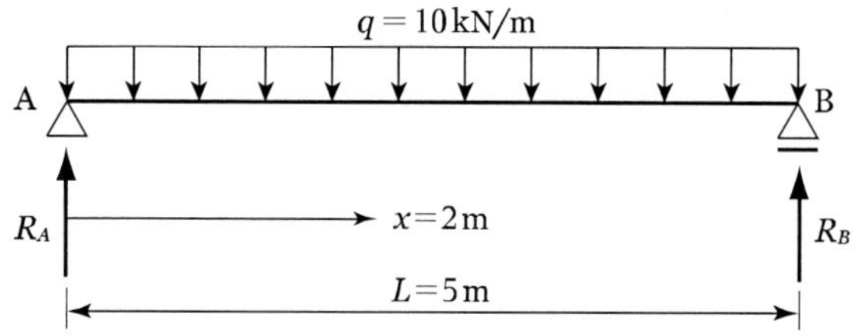

그림 1.4 등분포하중이 작용하는 단순보(계산 예)

지점반력

보 전체의 하중은 qL이며, 반력의 합계는 $(R_A + R_B)$이므로 다음과 같다.

$$\sum V = \left(R_A + R_B\right) - qL = 0$$

반력 R_A, R_B가 $R_A = R_B$인 것이 분명하므로 반력은 아래와 같다.

$$R_A = R_B = \frac{qL}{2}$$

전단력

전단력은 x 왼쪽의 반력이 R_A(상향), 하중은 qx(하향)이므로 다음과 같다.

$$S_x = R_A - qx = \frac{qL}{2} - qx$$

최대전단력은 $S_x = 0$의 위치에서 발생하므로 다음과 같다.

$$S_{\max} = \frac{qL}{2}$$

휨모멘트

x 왼쪽의 휨모멘트는 $R_A \times x$(시계방향)와 $qx \times x / 2$(반시계방향)이므로 다음과 같다.

$$M_x = R_A x - qx \times \frac{1}{2} x = \frac{qL}{2} x - \frac{1}{2} qx^2$$

최대휨모멘트는 $S_x = 0$의 위치에 발생하므로 다음과 같다.

$$S_x = \frac{1}{2} qL - qx = 0$$

이 식에 의하여 $x = L / 2$의 위치에서 최대휨모멘트가 발생한다. 따라서 $M_{\max}$는 아래의 식으로 나타낼 수 있다.

$$M_{\max} = \frac{qL}{2} \cdot \frac{L}{2} - \frac{q}{2}\left(\frac{L}{2}\right)^2 = \frac{qL^2}{8}$$

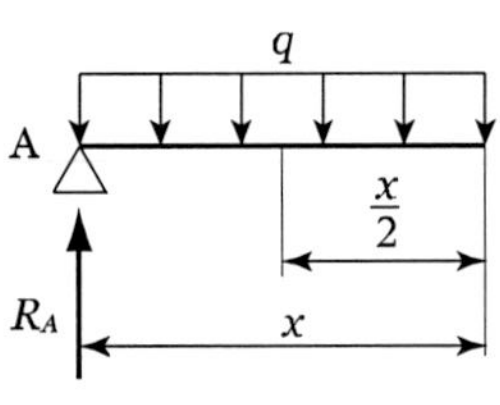

그림 1.5 전단력과 휨모멘트의 산정

VBA (실행결과 예)

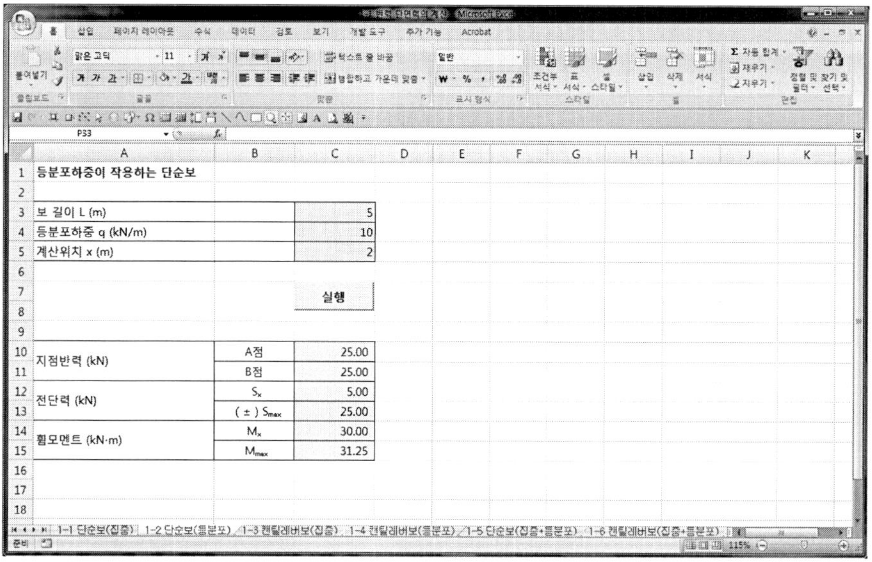

VBA 프로그램 소스

```
Option Explicit

Sub CMD실행_Click( )

    Dim 보총길이 As Double
    Dim 등분포하중 As Double
    Dim 계산위치 As Double
    Dim 지점반력 As Double
    Dim 전단력 As Double
    Dim 최대전단력 As Double
    Dim 휨모멘트 As Double
    Dim 최대휨모멘트 As Double

    '입력
    보총길이 = Range("_보총길이")
    등분포하중 = Range("_등분포하중")
    계산위치 = Range("_계산위치")
```

```
    '계산
    지점반력 = (등분포하중 * 보총길이) / 2

    전단력 = ((등분포하중 * 보총길이) / 2) - (등분포하중 * 계산위치)
    최대전단력 = (등분포하중 * 보총길이) / 2

    휨모멘트 = ((등분포하중 * 보총길이) / 2) * 계산위치 - (등분포하중 / 2) * 계산위치 ^ 2

    최대휨모멘트 = (등분포하중 * 보총길이 ^ 2) / 8

    '출력
    Range("_지점반력") = 지점반력
    Range("_전단력") = 전단력
    Range("_최대전단력") = 최대전단력
    Range("_휨모멘트") = 휨모멘트
    Range("_최대휨모멘트") = 최대휨모멘트

End Sub
```

1.1.2 외팔보의 계산

<그림 1.6>에 표시한 외팔(Cantilever)보에 집중하중이 작용할 때의 지점 반력, 지점 A에서 x만큼 떨어진 위치의 휨모멘트 M_x와 전단력 S_x를 계산한다.

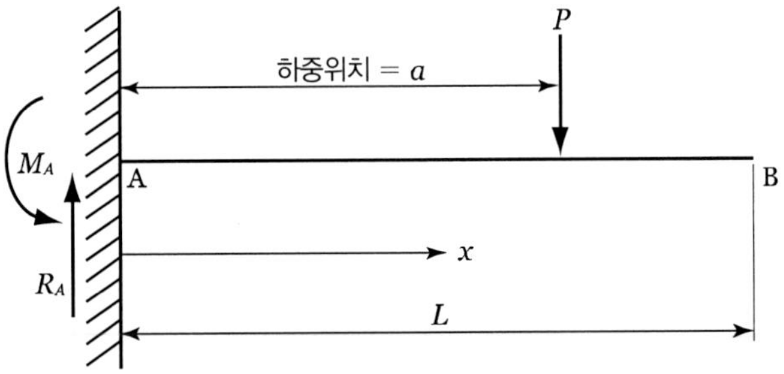

그림 1.6 집중하중이 작용하는 외팔보($x \leq$하중위치)

지점반력

하중위치를 a로 하면, R_A 및 M_A는 다음과 같이 된다.

$$\sum V = R_A - P = 0 \text{ 에서}$$

$$R_A = P$$

$$\sum M = M_A - Pa = 0 \text{ 에서}$$

$$M_A = Pa$$

전단력, 휨모멘트

$x \leq a$일 때

x점 왼쪽에 대한 응력의 평형에 의하여(위쪽, 시계방향을 플러스(+))

$$S_x = R_A = P$$
$$M_x = R_A x - M_A = Px - Pa$$

$x \geq a$일 때

x점 왼쪽에 대한 응력의 평형에 의하여(위쪽, 시계방향을 플러스(+))

$$S_x = R_A - P = P - P = 0$$
$$M_x = R_A x - M_A - P(x-a) = Px - Pa - Px + Pa = 0$$

또는 x점 오른쪽에 대한 응력의 평형에 의하여

$$S_x = 0$$
$$M_x = 0$$

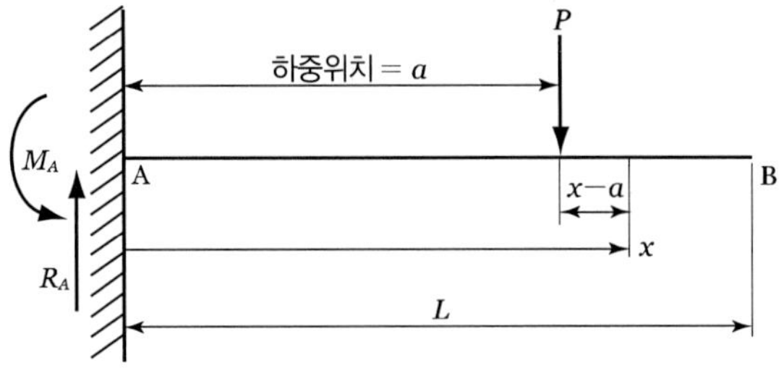

그림 1.7 집중하중이 작용하는 외팔보($x \geq$하중위치)

최대전단력은 P가 되며, 최대휨모멘트는 모멘트하중이 작용하지 않는 경우, 외팔보에서는 고정단에서 발생한다.

$$M_{max} = M_{x=0} = -Pa$$

휨모멘트도 및 전단력도는 <그림 1.8>에 표시한 것과 같다.

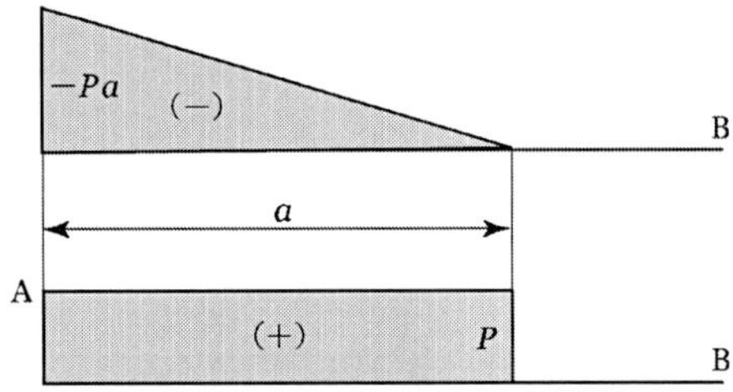

그림 1.8 휨모멘트도와 전단력도

Excel 예제 1.3	집중하중이 작용하는 외팔보의 계산

보 길이 5m, 집중하중 50kN, 하중위치 3m의 경우에 지점 A에서 2m 떨어진 위치의 전단력과 휨모멘트를 계산한다.

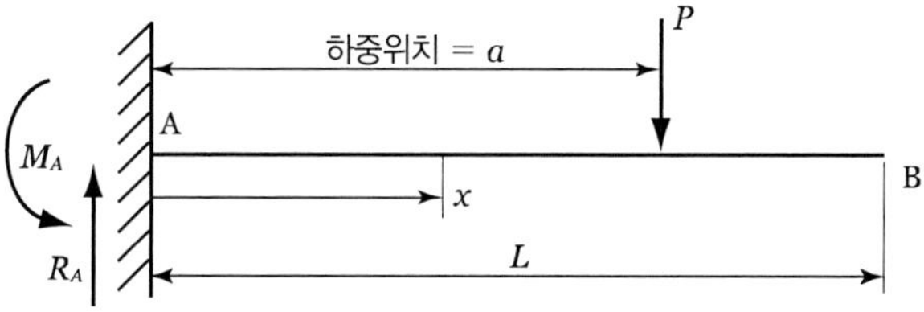

그림 1.9 집중하중이 작용하는 외팔보

$$R_A = P,\ M_A = Pa$$

$x \le$ 하중위치 a일 때, $S_x = R_A = P,\ M_x = R_A x - M_A = Px - Pa$

$x \ge$ 하중위치 a일 때, $S_x = 0,\ M_x = 0$

최대전단력은 P, 최대휨모멘트는 $M_{max} = -Pa$

VBA (실행결과 예)

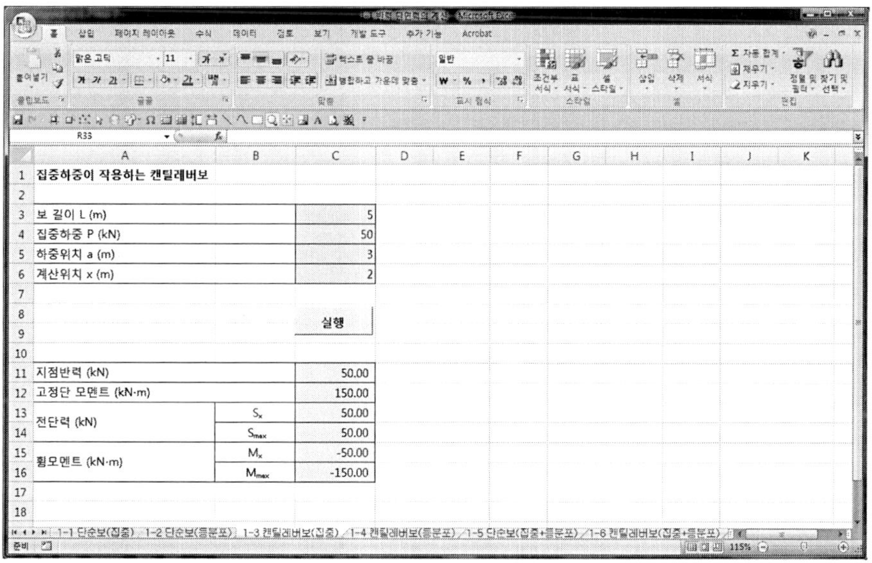

	A	B	C
1	집중하중이 작용하는 캔틸레버보		
2			
3	보 길이 L (m)		5
4	집중하중 P (kN)		50
5	하중위치 a (m)		3
6	계산위치 x (m)		2
7			
8			실행
9			
10			
11	지점반력 (kN)		50.00
12	고정단 모멘트 (kN·m)		150.00
13	전단력 (kN)	S_x	50.00
14		S_{max}	50.00
15	휨모멘트 (kN·m)	M_x	-50.00
16		M_{max}	-150.00

VBA 프로그램 소스

```
Option Explicit
Sub CMD실행_Click( )

    Dim 보총길이 As Double
    Dim 집중하중 As Double
    Dim 하중위치 As Double
    Dim 계산위치 As Double
    Dim 지점반력 As Double
    Dim 고정단모멘트 As Double
    Dim 전단력 As Double
    Dim 최대전단력 As Double
    Dim 휨모멘트 As Double
    Dim 최대휨모멘트 As Double

    '입력
    보총길이 = Range("_보총길이")
    집중하중 = Range("_집중하중")
    하중위치 = Range("_하중위치")
    계산위치 = Range("_계산위치")

    '계산
    지점반력 = 집중하중
    고정단모멘트 = 집중하중 * 하중위치
    If (0 <= 하중위치 And 계산위치 <= 하중위치) Then
        전단력 = 집중하중
        휨모멘트 = 집중하중 * 계산위치 - 고정단모멘트
    ElseIf (계산위치 >= 하중위치 And 계산위치 <= 보총길이) Then
        전단력 = 0
        휨모멘트 = 0
    End If
    최대전단력 = 집중하중
    최대휨모멘트 = -집중하중 * 하중위치

    '출력
    Range("_지점반력") = 지점반력
    Range("_고정단모멘트") = 고정단모멘트
    Range("_전단력") = 전단력
    Range("_최대전단력") = 최대전단력
    Range("_휨모멘트") = 휨모멘트
    Range("_최대휨모멘트") = 최대휨모멘트

End Sub
```

Excel 예제 1.4 등분포하중이 작용하는 외팔보의 계산

보 길이 5m, 등분포하중 10kN의 경우에 지점반력 및 지점 A에서 2m 떨어진 위치의 전단력과 휨모멘트를 계산한다.

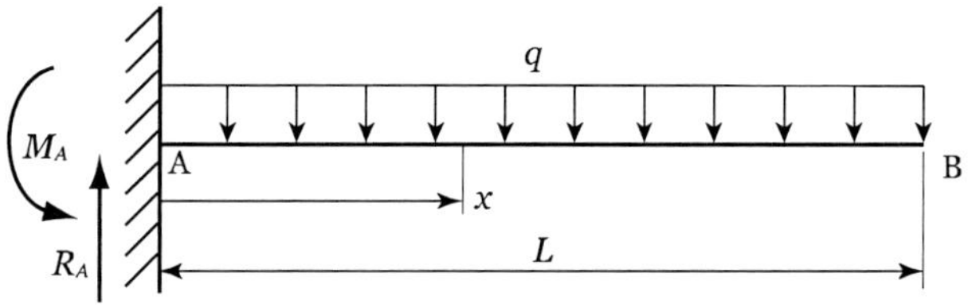

그림 1.10 등분포하중이 작용하는 외팔보

$\sum V = R_A - qL = 0$ 에서 $R_A = qL$

$\sum M = -M_A + qL \times L/2 = 0$ 에서 $M_A = qL^2/2$

$S_x = R_A - qx = qL - qx$, $S_{\max} = qL$

$$M_x = R_A x - M_A - qx \times x/2 = qLx - qL^2/2 - qx^2/2$$
$$= -q(L-x)^2/2$$

$$M_{\max} = M_{x=0} = -qL^2/2$$

VBA (실행결과 예)

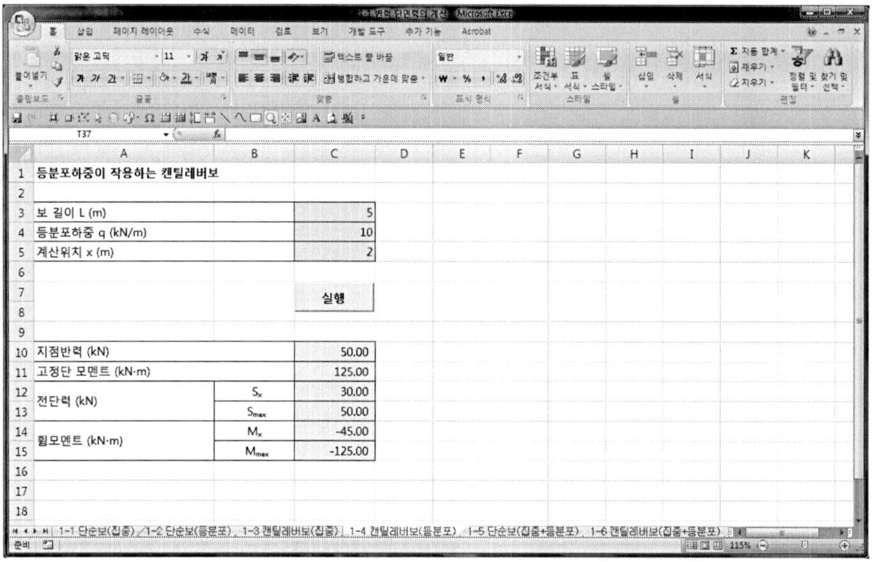

VBA 프로그램 소스

```
Option Explicit

Sub CMD실행_Click( )

    Dim 보총길이 As Double
    Dim 등분포하중 As Double
    Dim 계산위치 As Double
    Dim 지점반력 As Double
    Dim 고정단모멘트 As Double
    Dim 전단력 As Double
    Dim 최대전단력 As Double
    Dim 휨모멘트 As Double
    Dim 최대휨모멘트 As Double

    '입력
    보총길이 = Range("_보총길이")
    등분포하중 = Range("_등분포하중")
    계산위치 = Range("_계산위치")
```

```
    '계산
    지점반력 = (등분포하중 * 보총길이)
    고정단모멘트 = (등분포하중 * 보총길이 ^ 2) / 2
    전단력 = (등분포하중 * 보총길이) - (등분포하중 * 계산위치)
    최대전단력 = (등분포하중 * 보총길이)
    휨모멘트 = (등분포하중 * 보총길이) * 계산위치 _
          - (등분포하중 * 보총길이 ^ 2) / 2 - (등분포하중 * 계산위치 ^ 2) / 2
    최대휨모멘트 = -등분포하중 * 보총길이 ^ 2 / 2

    '출력
    Range("_지점반력") = 지점반력
    Range("_고정단모멘트") = 고정단모멘트
    Range("_전단력") = 전단력
    Range("_최대전단력") = 최대전단력
    Range("_휨모멘트") = 휨모멘트
    Range("_최대휨모멘트") = 최대휨모멘트

End Sub
```

1.1.3 휨모멘트, 전단력 및 하중의 관계

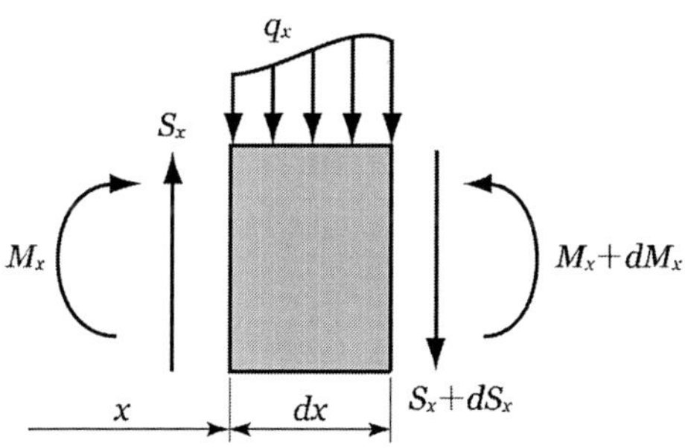

그림 1.11 보의 미소요소

<그림 1.11>은 보가 일반적으로 작용하는 하중을 받을 때의 미소요소를 나타내고 있다. 요소 오른쪽의 단면은 거리 dx만큼 왼쪽 단면에서 떨어져 있으므로 휨모멘트는 $M_x + dM_x$, 전단력은 $S_x + dS_x$가 된다.

이 그림에 있어서도 힘의 평형 식이 성립되므로 다음과 같이 된다.

$$\sum V = S_x - q_x dx - (S_x + dS_x) = 0 \qquad (1.1.7)$$

$$\sum M_A = M_x + q_x dx \times \frac{dx}{2} + (S_x + dS_x) \times dx - (M_x + dM_x) = 0 \qquad (1.1.8)$$

식(1.1.7)에 의하여 다음과 같이 나타낼 수 있다.

$$\frac{dS_x}{dx} = -q_x \qquad (1.1.9)$$

식(1.1.8)에서 미소량끼리의 곱인 $(dx)^2$와 $(dS_x \times dx)$를 무시하면 다음과 같이 나타낼 수 있다.

$$\frac{dM_x}{dx} = S_x \qquad (1.1.10)$$

식(1.1.9)는 전단력을 미분하면 그 점에 있어서 하중 q_x에 마이너스(−) 부호를 붙인 것과 일치하는 것을 나타내고 있다. 또한 식(1.1.10)은 휨모멘트를 미분하면 전단력이 되는 것을 나타내고 있다.

이상과 같이 휨모멘트를 구하면 전단력은 미분관계를 이용하여 계산할 수 있는 것을 알 수 있다.

1.1.4 조합의 원리

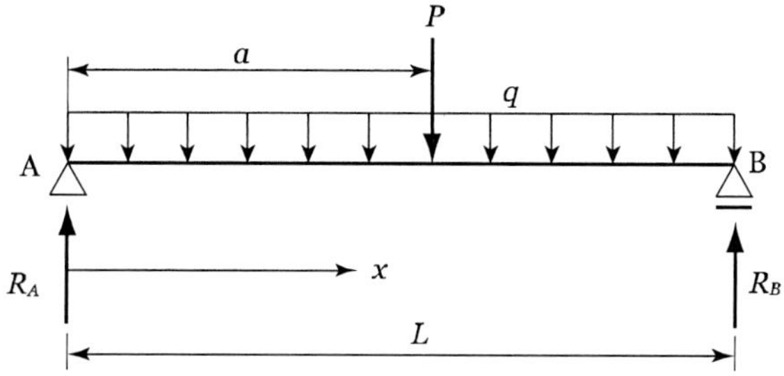

그림 1.12 집중하중과 등분포하중이 작용하는 단순보

<그림 1.12>와 같이 복수의 하중이 작용하는 보의 경우에 하중과 반력, 단면력의 사이에 조합의 원리가 성립된다. <그림 1.12>는 예제 1.1(집중하중)과 예제 1.2(등분포하중)를 겹쳐놓은 구조로 아래의 조합식이 성립된다.

<u>집중하중</u>

$$R_A = P(L-a)/L$$

$$R_B = Pa/L$$

$0 \leq x \leq a$일 때

$$M_x = P(L-a)x/L$$

$$S_x = P(L-a)/L$$

$a \leq x \leq L$일 때

$$M_x = -Pax/L + Pa$$

$$S_x = -Pa/L$$

+

등분포하중

$$R_A = qL/2$$

$$R_B = qL/2$$

$$M_x = qLx/2 - qx^2/2$$

$$S_x = qL/2 - qx$$

||

조합 후

$$R_A = P(L-a)/L + qL/2$$

$$R_B = Pa/L + qL/2$$

$0 \leq x \leq a$일 때

$$M_{x1} = P(L-a)x/L + qLx/2 - qx^2/2$$

$$S_{x1} = P(L-a)/L + qL/2 - qx$$

$a \leq x \leq L$일 때

$$M_{x2} = -Pax/L + Pa + qLx/2 - qx^2/2$$

$$S_{x2} = -Pa/L + qL/2 - qx$$

최대전단력은

$a \leq L/2$일 때 $S_{max} = S_{x1=0}$

$$S_{max} = P(L-a)/L + qL/2$$

$a \geq L/2$일 때 $S_{max} = S_{x2=L}$

$$S_{max} = -(Pa/L + qL/2)$$

최대휨모멘트는 집중하중의 작용위치에서 발생한다.

$$M_{max} = Pa - Pa^2/L + qLa/2 - qa^2/2$$

다음의 엑셀예제 1.5(집중하중+등분포하중)에서는 예제 1.1(집중하중)과 1.2(등분포하중)에서 주어진 조건(하중 값, 하중위치)과 같은 수치로 계산하는데, 예제 1.5의 출력 값은 각각의 예제에서의 값을 서로 더한 값과 같은 것을 확인할 수 있다.

Excel 예제 1.5 집중하중과 등분포하중이 작용하는 단순보의 계산

〈그림 1.13〉에 표시한 단순보에 집중하중 P와 등분포하중 q가 작용할 때, 지점 반력 및 지점에서 x만큼 떨어진 위치의 휨모멘트 M_x, 전단력 S_x, 최대휨모멘트를 계산한다.

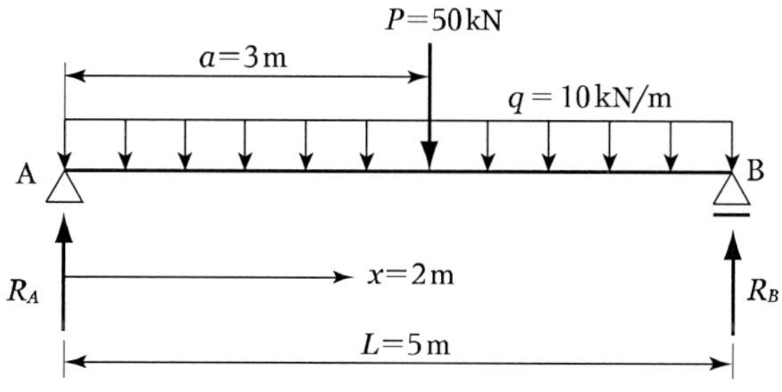

그림 1.13 집중하중과 등분포하중이 작용하는 단순보(계산 예)

VBA (실행결과 예)

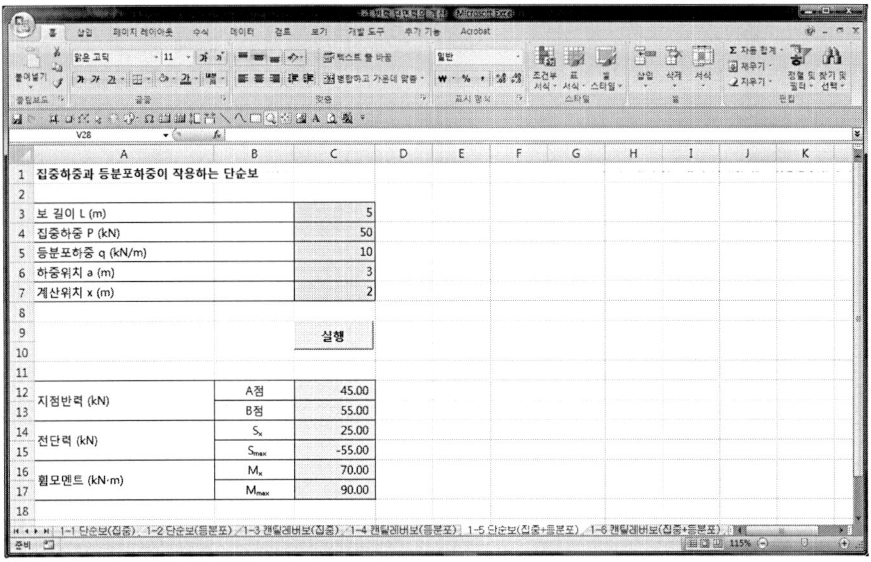

Excel 예제 1.6 집중하중과 등분포하중이 작용하는 외팔보의 계산

〈그림 1.14〉에 표시한 외팔보에 집중하중 P와 등분포하중 q가 작용할 때, 지점 A에서 x만큼 떨어진 위치의 휨모멘트 M_x, 전단력 S_x, 최대휨모멘트를 계산한다.

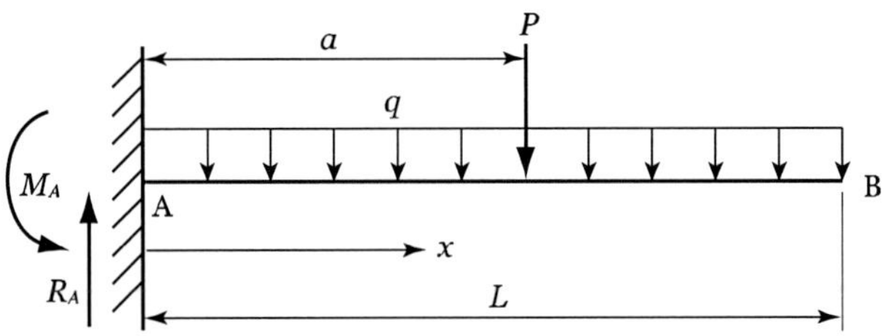

그림 1.14 집중하중과 등분포하중이 작용하는 외팔보

예제 1.3과 예제 1.4의 반력, 단면력 등을 서로 더하면 다음과 같이 된다.

$$R_A = P + qL$$

$$M_A = Pa + qL^2/2$$

$x \le a$일 때

$$S_x = P + qL - qx$$

$$M_x = Px - Pa - q(L-x)^2/2$$

$x \ge a$일 때

$$S_x = qL - qx$$

$$M_x = -q(L-x)^2/2$$

최대전단력은

$$S_{\max} = S_{x=0} = P + qL$$

최대휨모멘트는

$$M_{\max} = M_{x=0} = -Pa - qL^2/2$$

보 길이 5m, 등분포하중 10kN, 집중하중 50kN, 하중위치 3m 및 $x = 2$m 인 경우의 계산 예를 표시하면 다음과 같다.

VBA (실행결과 예)

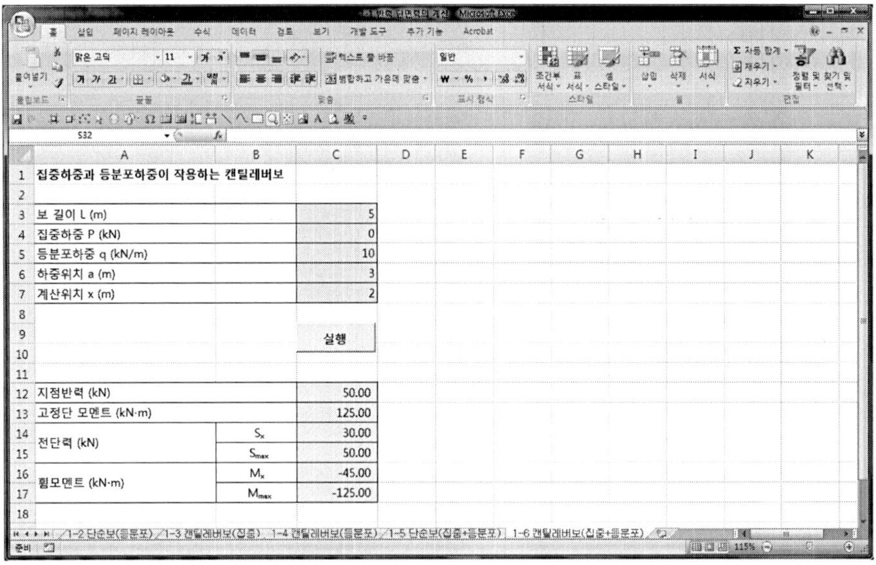

액셀 예제 1.6에서 구한 값은 예제 1.3과 1.4에서 구한 값을 더한 값과 같은 것을 확인할 수 있다.

1.2 중립축에 대한 단면2차모멘트

1.2.1 사각형단면의 단면2차모멘트

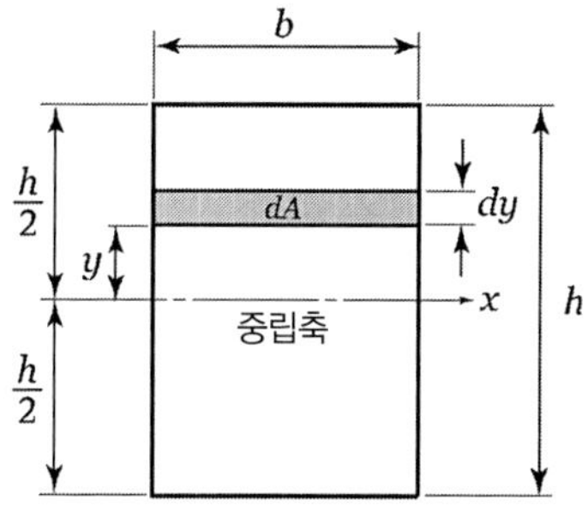

그림 1.15 중립축에 대한 단면2차모멘트

단면2차모멘트는 휨모멘트에 대한 물체의 변형을 일으키는 원인을 나타내는 양으로 단위는 $cm^4(mm^4)$이다. <그림 1.15>와 같이 단면의 중립축(x축)에 대한 단면2차모멘트 I는 아래의 식으로 나타낸다.

$$I_x = \int y^2 dA$$

<그림 1.15>와 같이 사각형인 경우에 높이 h, 폭 b, $dA = b \cdot dy$에서 다음과 같이 된다.

$$I_x = \int_{-\frac{h}{2}}^{\frac{h}{2}} y^2 b dy = \frac{bh^3}{12}$$

<표 1.1>에 주요단면에 대한 단면2차모멘트를 표시하였다.

표 1.1 주요단면에 있어서 중립축에 대한 단면2차모멘트

구분	사각형	삼각형	사다리꼴	원형	타원형
면적 A	bh	$\frac{bh}{2}$	$\frac{h(a+b)}{2}$	πa^2	πab
단면2차모멘트 I	$\frac{bh^3}{12}$	$\frac{bh^3}{36}$	$\frac{bh^3}{36}\frac{(a^2+4ab+b^2)}{(a+b)}$	$\frac{\pi a^4}{4}$	$\frac{\pi ab^3}{4}$

1.2.2 주요단면의 단면2차모멘트

부재에는 다양한 형상이 있지만 여기서는 예로서 <그림 1.16>에 표시한 것과 같이 중공단면 부재의 중립축에 대한 단면2차모멘트의 산출 식을 표시한다.

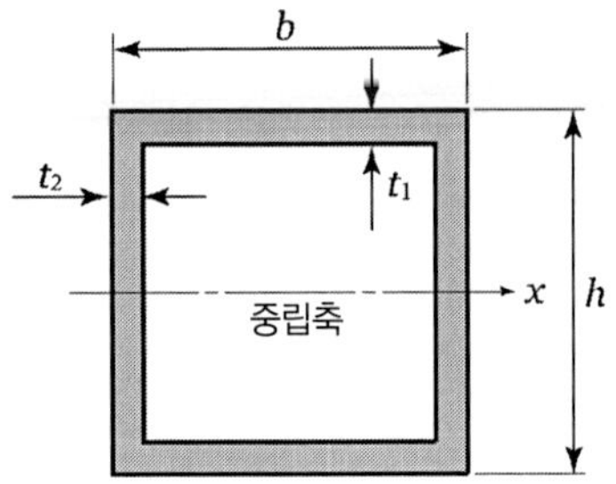

그림 1.16 중공단면의 단면2차모멘트

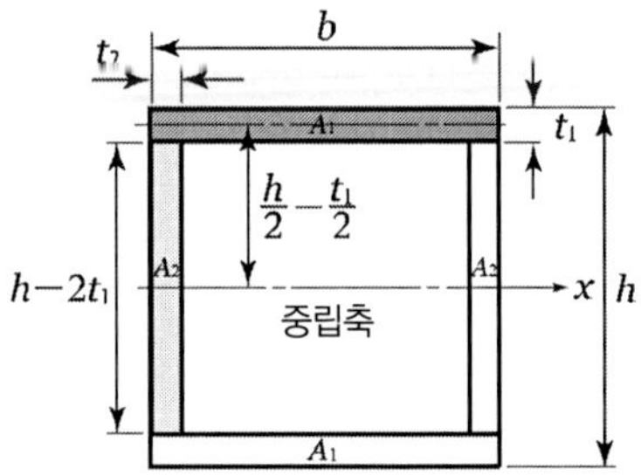

그림 1.17 단면의 요소

<그림 1.16>의 단면은 <그림 1.17>에 표시한 것과 같이 A_1, A_2의 요소로 나뉘어 중립축 x에 대한 단면2차모멘트는 A_1의 단면2차모멘트 I_1과 A_2의 단면2차모멘트 I_2를 2배한 것이 된다.

중립축 x에서 도심이 y_0 떨어진 거리에 있는 단면2차모멘트 I_0은 다음과 같이 나타낼 수 있다.

$$I_0 = I + y_0^2 \times A$$

A_1의 단면2차모멘트 I_1은 다음과 같이 된다.

$$I_1 = \frac{bt_1^3}{12} + \left(\frac{h}{2} - \frac{t_1}{2}\right)^2 \times bt_1$$

도심이 중립축과 일치하는 A_2의 단면2차모멘트 I_2는 $y_0 = 0$이므로 다음 식과 같이 된다.

$$I_2 = \frac{t_2(h-2t_1)^3}{12}$$

따라서 전체단면의 x축에 대한 단면2차모멘트는 다음 식으로 구할 수 있다.

$$I = 2I_1 + 2I_2$$

Excel 예제 1.7 중공단면(사각형)의 단면2차모멘트

〈그림 1.18〉에 표시한 단면의 중립축에 대한 단면2차모멘트를 구한다. 단, 그림에서 단위는 mm이다.

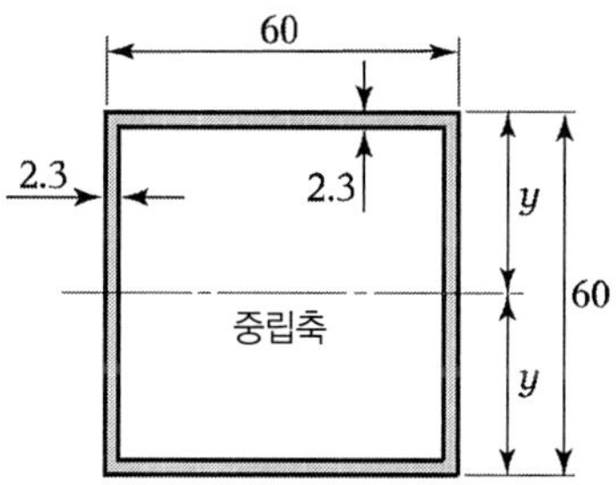

그림 1.18 사각형 중공단면의 단면2차모멘트(계산 예)

VBA (실행결과 예)

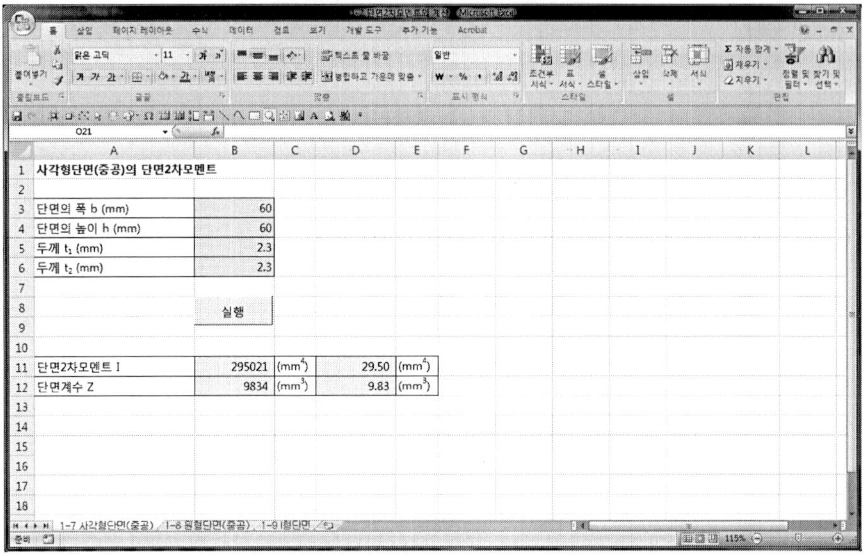

	A	B	C	D	E
1	사각형단면(중공)의 단면2차모멘트				
2					
3	단면의 폭 b (mm)	60			
4	단면의 높이 h (mm)	60			
5	두께 t_1 (mm)	2.3			
6	두께 t_2 (mm)	2.3			
7					
8		실행			
9					
10					
11	단면2차모멘트 I	295021	(mm^4)	29.50	(mm^4)
12	단면계수 Z	9834	(mm^3)	9.83	(mm^3)

계산 예에서는 강관파이프(□-60×60×2.3)의 경우를 표시하였는데, 실제의 강재표에서는 부재각에 *R*이 붙어 있기 때문에 값에 차이가 있을 수 있다($28.3cm^4$ 등). 또한 프로그램에서는 단면계수 I / y도 같이 계산하였다.

Excel 예제 1.8 중공단면(원형)의 단면2차모멘트

〈그림 1.19〉에 표시한 원형중공단면의 중립축에 대한 단면2차모멘트를 구한다. 단, $r = 24.3$mm(바깥지름 48.6mm), $t = 2.4$mm로 한다.

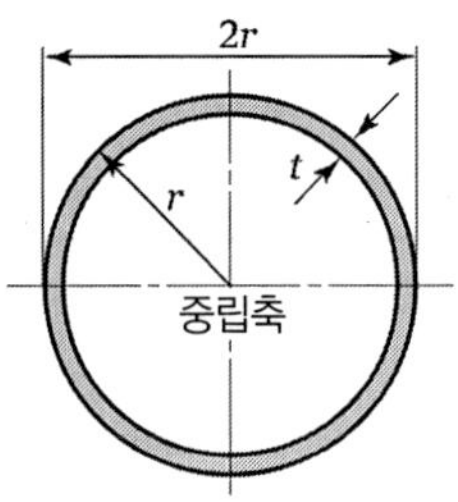

그림 1.19 원형 중공단면의 단면2차모멘트(계산 예)

<표 1.1>에 의하여 원형단면의 중립축에 대한 단면2차모멘트는 $\pi r^4 / 4$이므로 그림의 단면2차모멘트는 다음 식으로 구할 수 있다.

$$I = \frac{\pi r^4}{4} - \frac{\pi (r-t)^4}{4}$$

VBA (실행결과 예)

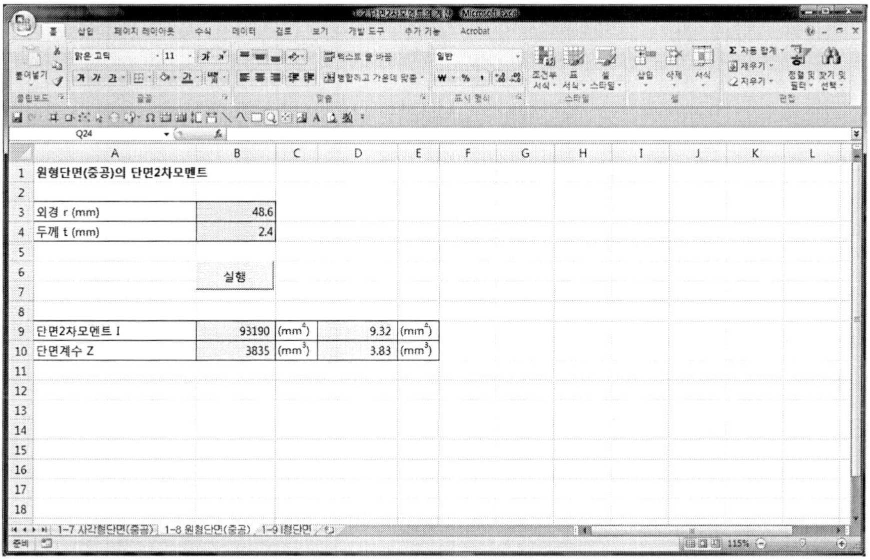

Excel 예제 1.9 I형 부재의 단면2차모멘트

〈그림 1.20〉에 표시한 I형 단면부재의 중립축에 대한 단면2차모멘트를 구한다.

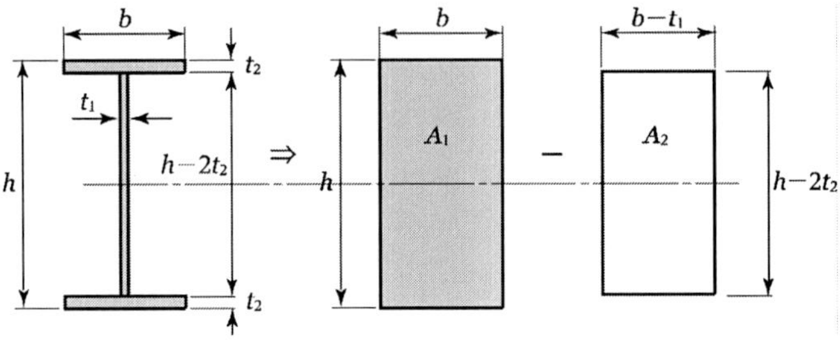

그림 1.20 I형 단면의 단면2차모멘트(계산 예)

그림의 경우에 구하고자 하는 I형 단면의 중립축에 대한 단면2차모멘트는 A_1의 단면2차모멘트에서 A_2의 단면2차모멘트를 뺀 것으로 다음 식으로 구할 수 있다.

$$I = \frac{bh^3}{12} - \frac{(b-t_1)(h-2t_2)^3}{12}$$

VBA (실행결과 예)

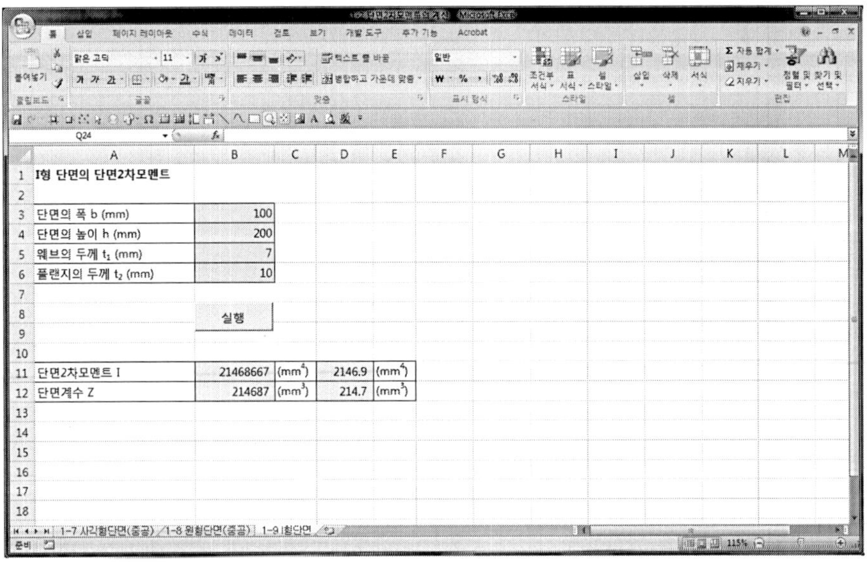

계산 예에서는 I형강(I－200 × 100)의 경우를 나타내고 있지만, 실제의 강재 표에서는 부재각에 R이 붙어 있기 때문에 값에 차이가 있을 수 있다 (2,170cm^4 등).

1.3 young율(탄성계수)

1.3.1 응력과 변형

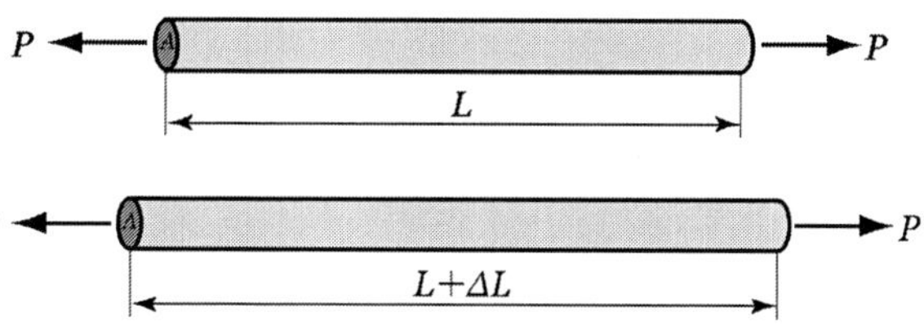

그림 1.21 힘과 변형의 관계

<그림 1.21>에 표시한 것과 같이 단면적 A가 일정한 봉을 축방향력 P로 잡아당기면 봉은 ΔL만큼 늘어난다. 이때의 단위면적당 힘의 크기 σ를 응력(stress)이라 한다. ΔL의 원래 길이 L에 대한 비를 변형(strain) ε 이라 한다.

$$\sigma = \frac{P}{A} \quad (\mathrm{N/mm^2})$$

$$\varepsilon = \frac{\Delta L}{L} \quad (\text{무차원})$$

1.3.2 후크의 법칙

응력 σ에 의하여 변형 ε이 발생하는 것이지만, 양자는 어떤 한도를 넘지 않는 한 변형의 양이 힘의 크기에 비례하는 것을 알 수 있다. 이것을 후크의 법칙(Hooke's law)이라 하는데 다음 식으로 나타낸다.

$$\sigma = E\varepsilon \quad (\text{N/mm}^2)$$

E는 탄성계수(modules of elasticity) 또는 young율이라 하는데 재료 등으로 정해지는 정수이다.

강 재

$$E = 2.0 \times 10^5 \quad (\text{N/mm}^2)$$

콘크리트 (설계기준강도에 의하여 다르다)

$$E = 2.35 \sim 2.50 \times 10^4 \quad (\text{N/mm}^2)$$

1.4 처짐과 처짐각의 계산

<그림 1.22>에 표시한 것과 같이 보(beam)는 하중의 작용에 의하여 변형이 일어난다. 그것을 처짐(deflection) y라 한다. 처짐곡선(deflection curve)의 기울기를 처짐각 θ라고 한다. 처짐각은 A점과 같이 시계방향으로 회전할 때에는 플러스(+), B점과 같이 반시계방향으로 회전할 때는 마이너스(−)로 한다.

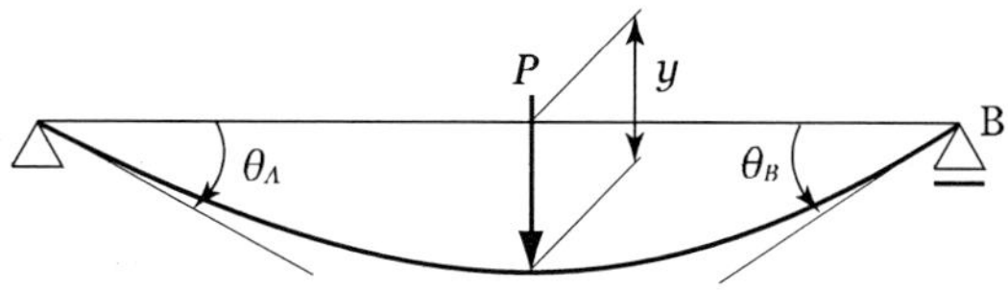

그림 1.22 처짐 y와 처짐각 θ

변형에 대한 전단력의 영향은 일반적으로 작기 때문에 이것을 무시하면 휨모멘트 M과 처짐 y에는 아래와 같은 관계가 있다.

$$\frac{d^2 y}{dx^2} = -\frac{M_x}{EI} \tag{1.4.1}$$

여기서, E : 탄성계수

I : 단면2차모멘트

즉, 휨모멘트를 2번 적분하면 처짐을 구할 수 있다. 예제 1.2의 단순보에 등분포하중이 작용하는 경우를 예로 들면 휨모멘트는 다음과 같다.

$$M_x = \frac{1}{2}qLx - \frac{1}{2}qx^2$$

이 식에서

$$\frac{d^2 y}{dx^2} = -\frac{1}{EI}\left(\frac{1}{2}qLx - \frac{1}{2}qx^2\right) \tag{1.4.2}$$

$$\frac{dy}{dx} = -\frac{1}{EI}\left(\frac{1}{4}qLx^2 - \frac{1}{6}qx^3 + C_1\right) \tag{1.4.3}$$

$$y = -\frac{1}{EI}\left(\frac{1}{12}qLx^3 - \frac{1}{24}qx^4 + C_1x + C_2\right) \tag{1.4.4}$$

적분정수 C_1, C_2는 지점($x=0$, $x=L$)에서는 처짐이 발생하지 않는다는 경계조건으로 산출한다.

$$y_{(0)} = -\frac{1}{EI}C_2 = 0$$

$$\therefore C_2 = 0$$

$$y_{(L)} = -\frac{1}{EI}\left(\frac{1}{12}qL^4 - \frac{1}{24}qL^4 + C_1L\right) = 0$$

$$\therefore C_1 = -\frac{1}{24}qL^3$$

따라서

$$\begin{aligned} y &= -\frac{1}{EI}\left(\frac{1}{12}qLx^3 - \frac{1}{24}qx^4 - \frac{1}{24}qL^3x\right) \\ &= -\frac{q}{24EI}\left(2Lx^3 - x^4 - L^3x\right) \end{aligned} \tag{1.4.5}$$

최대 처짐은 중앙점($x = L/2$)에서 발생하므로 다음과 같다.

$$y_{\max} = y_{(L/2)} = \frac{5qL^4}{384EI} \tag{1.4.6}$$

또, $\frac{dy}{dx}$는 처짐곡선의 기울기를 나타내는 것으로, 처짐각 θ라고 한다. 식(1.4.3)에 있어서 C_1을 대입하면 다음과 같이 된다.

$$\frac{dy}{dx} = \theta_x = -\frac{1}{EI}\left(\frac{1}{4}qLx^2 - \frac{1}{6}qx^3 - \frac{1}{24}qL^3\right)$$
$$= -\frac{q}{24EI}\left(6Lx^2 - 4x^3 - L^3\right)$$

지점 A, B의 처짐각은 각각 θ_0, θ_L이므로 아래의 식으로 나타낸다.

$$\theta_A = \theta_0 = \frac{qL^3}{24EI}$$

$$\theta_B = \theta_L = -\frac{qL^3}{24EI}$$

Excel 예제 1.10 단순보에 등분포하중이 작용하는 경우의 처짐과 처짐각

〈그림 1.23〉에 표시한 단순보에 등분포하중 q가 작용할 때에 지점반력, 처짐각 및 전단력도, 휨모멘트도, 처짐도, 최대휨모멘트, 최대 처짐을 구한다. 단, 단면2차모멘트 $I = 10{,}700\text{cm}^4$, 탄성계수 $E = 2.0\times10^5\text{N/mm}^2$로 한다.

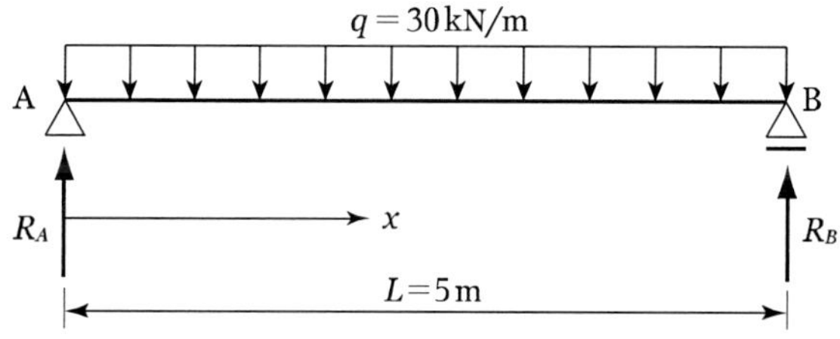

그림 1.23 등분포하중이 작용하는 단순보

전술한 수식과 예제 1.2에서 구한 수식을 정리하여 전단력도, 휨모멘트도, 처짐도를 작성하는 엑셀 프로그램을 다음에 표시하였다.

VBA (실행결과 예)

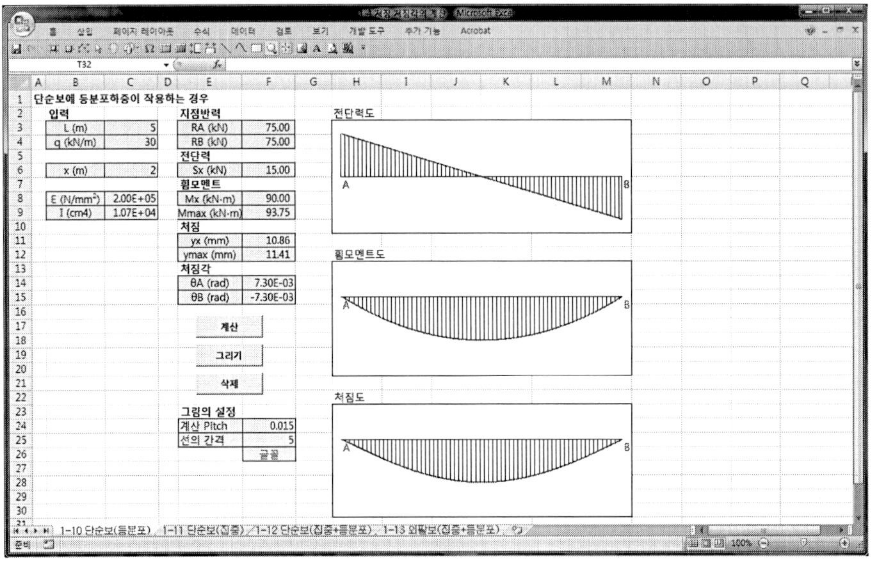

Excel 예제 1.11 단순보에 집중하중이 작용하는 경우의 처짐과 처짐각

〈그림 1.24〉에 표시한 단순보에 집중하중 P가 작용할 때에 지점반력, 처짐각 및 전단력도, 휨모멘트도, 처짐도, 최대휨모멘트, 최대 처짐을 구한다. 단, 단면2차모멘트 $I = 10{,}700\text{cm}^4$, 탄성계수 $E = 2.0\times10^5\text{N/mm}^2$로 한다.

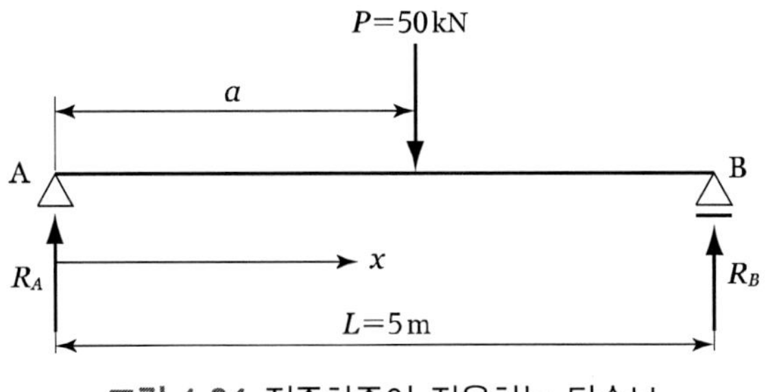

그림 1.24 집중하중이 작용하는 단순보

'1.1.1 단순보의 계산'에서의 반력, 단면력은 아래와 같다.

$$R_A = P(L-a)/L = P - Pa/L$$
$$R_B = Pa/L$$

$0 \leq x \leq a$일 때

$$S_{x1} = R_A = P - Pa/L$$
$$M_{x1} = R_A x = Px - Pax/L$$

$a \leq x \leq L$일 때

$$S_{x2} = R_A - P = -Pa/L$$
$$M_{x2} = R_A x - P(x-a) = -Pax/L + Pa$$

처짐은

$0 \leq x \leq a$일 때

$$\frac{d^2 y_1}{dx^2} = -\frac{1}{EI}\left(Px - \frac{Pa}{L}x\right)$$
$$\frac{dy_1}{dx} = -\frac{1}{EI}\left(\frac{P}{2}x^2 - \frac{Pa}{2L}x^2 + C_1\right) = \theta_1$$
$$y_1 = -\frac{1}{EI}\left(\frac{P}{6}x^3 - \frac{Pa}{6L}x^3 + C_1 x + C_2\right)$$

$a \leq x \leq L$일 때

$$\frac{d^2 y_2}{dx^2} = -\frac{1}{EI}\left(Pa - \frac{Pa}{L}x\right)$$
$$\frac{dy_2}{dx} = -\frac{1}{EI}\left(Pax - \frac{Pa}{2L}x^2 + C_3\right) = \theta_2$$
$$y_2 = -\frac{1}{EI}\left(\frac{Pa}{2}x^2 - \frac{Pa}{6L}x^3 + C_3 x + C_4\right)$$

4개의 적분정수 $C_1 \sim C_4$는 아래의 경계조건을 사용하여 산출한다.

① $x=0$일 때 $y_1=0$

② $x=L$일 때 $y_2=0$

③ $x=a$일 때 $\theta_1=\theta_2$

④ $x=a$일 때 $y_1=y_2$

①에서 $C_2=0$

②에서 $C_4=-PaL^2/3-C_1L$

③, ①에서 $C_1=Pa^2/2+C_1$

이상에 의하여 다음 식이 성립한다.

$$y_1=-\frac{1}{EI}\left(\frac{P}{6}x^3-\frac{Pa}{6L}x^3+\frac{Pa^2}{2}x+C_3x\right)$$

$$y_2=-\frac{1}{EI}\left(\frac{Pa}{2}x^2-\frac{Pa}{6L}x^3+C_3x-\frac{PaL^2}{3}-C_3L\right)$$

④에서 다음 식이 성립한다.

$$C_3=-\frac{PaL}{3}-\frac{Pa^3}{6L}$$

따라서

$$C_1=\frac{Pa^2}{2}-\frac{PaL}{3}-\frac{Pa^3}{6L}$$

이상을 정리하면 다음과 같다.

$$y_1 = -\frac{P}{6EIL}\left(Lx^3 - ax^3 + 3a^2Lx - 2aL^2x - a^3x\right)$$

$$y_2 = -\frac{P}{6EIL}\left(-ax^3 + 3aLx^2 - 2aL^2x - a^3x + a^3L\right)$$

$$\theta_1 = -\frac{P}{6EIL}\left(3Lx^2 - 3ax^2 + 3a^2L - 2aL^2 - a^3\right)$$

$$\theta_2 = -\frac{P}{6EIL}\left(-3ax^2 + 6aLx - 2aL^2 - a^3\right)$$

지점 A의 처짐각은 θ_1에서 $x = 0$의 경우, 지점 B의 처짐각은 θ_2에서 $x = L$의 경우이므로 다음과 같다.

$$\theta_A = -\frac{P}{6EIL}\left(3a^2L - 2aL^2 - a^3\right)$$

$$\theta_B = -\frac{P}{6EIL}\left(aL^2 - a^3\right)$$

최대 처짐은 $\theta_1 = 0$일 때 또는 $\theta_2 = 0$일 때 x의 위치에서 발생한다.

$$3Lx^2 - 3ax^2 + 3a^2L - 2aL^2 - a^3 = 0$$

$$\therefore\ x_1 = \sqrt{\frac{a(2L-a)}{3}} \quad (\because\ x \geq 0)$$

단, $a \geq L/2$

$$-3ax^2 + 6aLx - 2aL^2 - a^3 = 0$$

$$\therefore\ x_2 = L - \sqrt{\frac{(L^2 - a^2)}{3}} \quad (\because\ x \leq L)$$

단, $a \leq L/2$

$a \geq L/2$일 때에는 y_1의 식에 x_1을, $a \leq L/2$일 때에는 y_2의 식에 x_2를 대입하면 최대 처짐을 구할 수 있다.

VBA (실행결과 예)

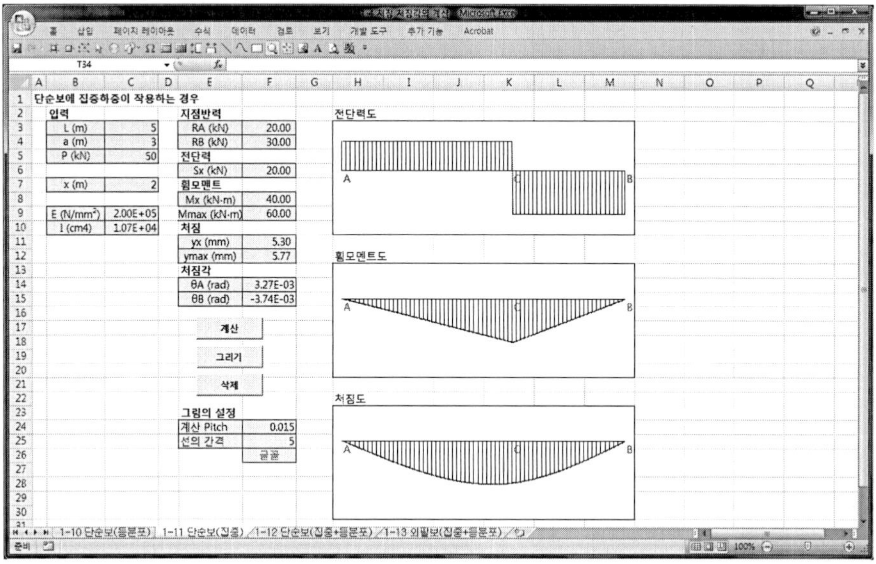

Excel 예제 1.12 단순보에 집중하중과 등분포하중이 작용하는 경우

〈그림 1.25〉에 표시한 단순보에 집중하중 P와 등분포하중 q가 작용할 때에 지점반력, 처짐각 및 전단력도, 휨모멘트도, 처짐도, 최대휨모멘트, 최대 처짐을 구한다. 단, 단면2차모멘트 $I = 10{,}700\text{cm}^4$, 탄성계수 $E = 2.0 \times 10^5\text{N/mm}^2$로 한다.

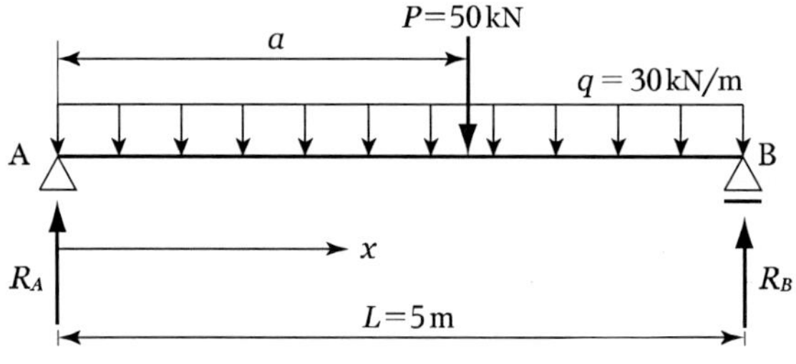

그림 1.25 집중하중과 등분포하중이 작용하는 단순보(계산 예)

예제 1.10과 예제 1.11의 반력, 단면력을 조합하면 다음과 같다.

$$R_A = (qL/2) + (P - Pa/L)$$

$$R_B = (qL/2) + (Pa/L)$$

$0 \leq x \leq a$일 때

$$S_{x1} = (qL/2 - qx) + (P - Pa/L)$$

$$M_{x1} = (qLx/2 - qx^2/2) + (Px - Pax/L)$$

$a \leq x \leq L$일 때

$$S_{x2} = (qL/2 - qx) + (P - Pa/L)$$

$$M_{x2} = (qLx/2 - qx^2/2) + (Pa - Pax/L)$$

처짐 및 처짐각은 다음과 같다.

$0 \leq x \leq a$일 때

$$y_1 = -\frac{P}{6EIL}\left(Lx^3 - ax^3 + 3a^2Lx - 2aL^2x - a^3x\right) - \frac{q}{24EI}\left(2Lx^3 - x^4 - L^3x\right)$$

$$\theta_1 = -\frac{P}{6EIL}\left(3Lx^2 - 3ax^2 + 3a^2L - 2aL^2 - a^3\right) - \frac{q}{24EI}\left(6Lx^2 - 4x^3 - L^3\right)$$

$a \leq x \leq L$일 때

$$y_2 = -\frac{P}{6EIL}\left(-ax^3 + 3aLx^2 - 2aL^2x - a^3x + a^3L\right) - \frac{q}{24EI}\left(2Lx^3 - x^4 - L^3x\right)$$

$$\theta_2 = -\frac{P}{6EIL}\left(-3ax^2 + 6aLx - 2aL^2 - a^3\right) - \frac{q}{24EI}\left(6Lx^2 - 4x^3 - L^3\right)$$

최대 처짐은 $\theta_1 = 0$일 때 또는 $\theta_2 = 0$일 때의 x의 위치에서 발생한다. 프로그램에서는 뉴턴(Newton) 법에 의하여 구하는 것으로 하였다.

VBA (실행결과 예)

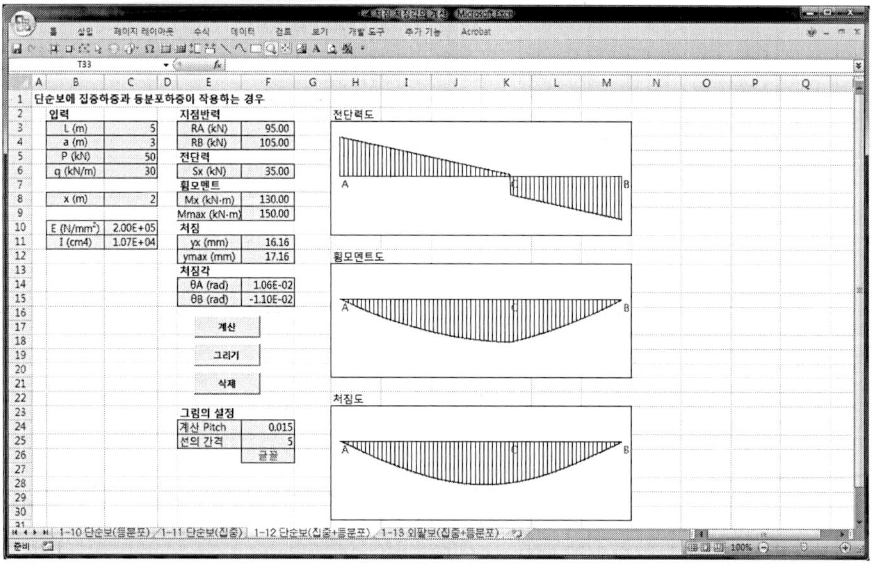

Excel 예제 1.13 외팔보에 집중하중과 등분포하중이 작용하는 경우

〈그림 1.26〉에 표시한 외팔보에 집중하중 P와 등분포하중 q가 작용할 때에 지점반력, 처짐각 및 전단력도, 휨모멘트도, 처짐도, 최대휨모멘트, 최대처짐을 구한다. 단, 단면2차모멘트 $\mathrm{I} = 10{,}700\mathrm{cm}^4$, 탄성계수 $\mathrm{E} = 2.0\times10^5\mathrm{N/mm}^2$로 한다.

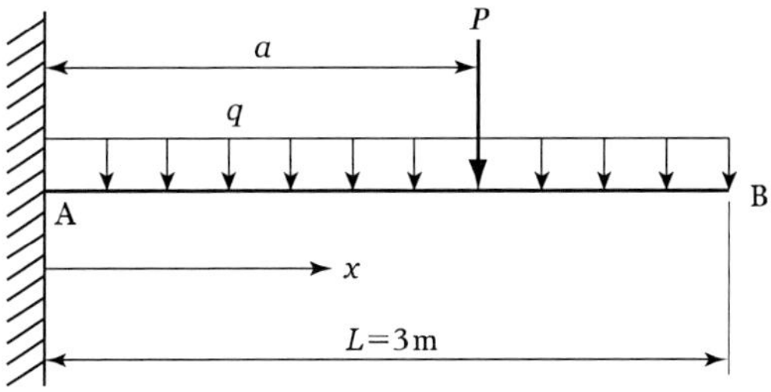

그림 1.26 집중하중과 등분포하중이 작용하는 외팔보(계산 예)

예제 1.12와 같은 순서로 산출되도록 프로그램이 구성되어 있다.

VBA (실행결과 예)

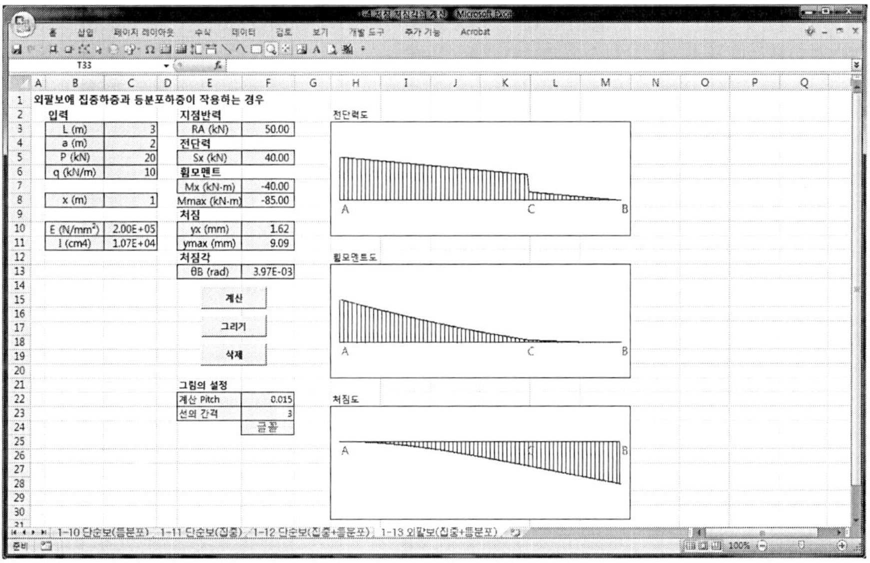

1.5 부재 내부에 발생하는 응력

보 부재는 주로 전단력, 휨모멘트 및 축방향력을 받고, 기둥 부재는 주로 압축력을 받는다. 각각의 부재 내부에는 하중이나 반력에 저항하는 힘이 활동하는데 이 저항력을 응력(stress)이라 한다.

1.5.1 전단응력

보에 휨모멘트와 전단력 S가 작용하는 경우, 보의 절단면에 평행하게 작용하는 단위면적당의 힘을 전단응력(shear stress) τ라고 한다.

<그림 1.27>과 같은 사각형 단면의 경우에 절단면의 면적을 A라고 하면, 전단응력은 상연, 하연에서는 $\tau = 0$, 중립축에서는 최댓값 $\tau = 3S / 2A$가 되는 것은 이미 알고 있다.

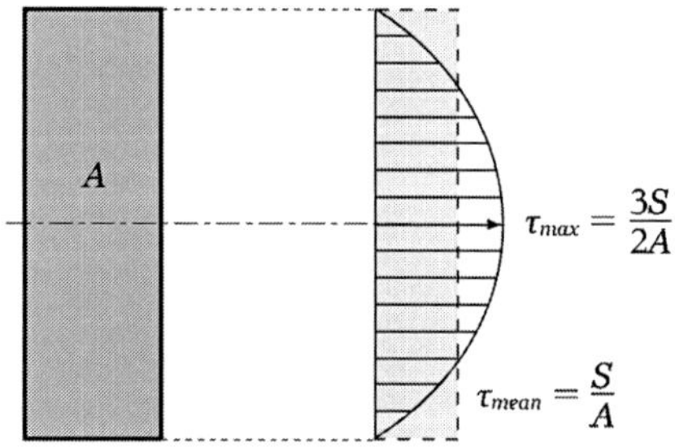

그림 1.27 전단응력의 분포

실제의 설계에서는 평균전단응력으로서 아래의 식을 사용한다.

$$\tau = \frac{S}{A} \text{ (N/mm}^2\text{)}$$

또한 H형강이나 I형강 등의 부재는 부재단면적 A를 웨브의 단면적만을 적용하여 사용한다.

1.5.2 휨모멘트에 의한 응력

보에 플러스(+)의 휨모멘트가 작용하는 경우, 보 부재 상면은 압축되고 하면은 인장된다. 또한 보 내부에 늘어나거나 줄어들지 않는 면이 존재하는데, 이것을 중립면(neutral surface)이라 한다(<그림 1.28>).

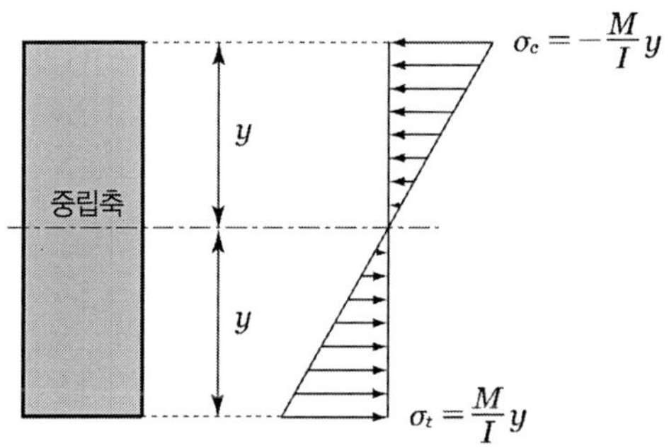

그림 1.28 전단응력의 분포

상하가 대칭인 단면의 경우, 중립면에서 y만큼 떨어진 위치의 휨응력을 구하는 식으로서는 아래의 식이 알려져 있다.

$$\sigma = \frac{M}{I}y \ (\text{N/mm}^2)$$

단, I는 부재의 중립축에 대한 단면2차모멘트이다.

여기서 I/y를 단면계수 Z로 하고, 위의 식에 대입하면 다음과 같이 된다.

$$\sigma = \frac{M}{Z} \ (\text{N/mm}^2)$$

단면계수 Z는 강재표 등에 수치가 주어져 있다.

1.5.3 허용응력

허용응력은 각 사업체, 협회나 학회 등에 따라 독자적으로 정해져 있는데, 여기에서는 가설용 강재(SS400)의 허용응력을 예로서 표시한다.

허용휨인장응력

$$\sigma_{ta} = 210 \ (\text{N/mm}^2)$$

허용휨압축응력

$L / b \leq 4.5$일 때

$$\sigma_{ca} = 210 \ (\text{N/mm}^2)$$

$4.5 < L / b \leq 30$일 때

$$\sigma_{ca} = \{140 - 2.4(L/b - 4.5)\} \times 1.5 \ (\text{N/mm}^2)$$

여기서, L : 플랜지 고정점 간의 거리(mm)

b : 압축플랜지 폭(mm)

허용전단응력

$$\tau_a = 120 \ (\text{N/mm}^2)$$

1.5.4 허용처짐

허용처짐도 허용응력과 마찬가지로 각 사업체, 협회나 학회 등에 따라 독자적으로 정해져 있다. 예를 들면 가설구조물 등에서는 지간길이의 400분의 1 또는 25mm 이하 등을 사용하고 있다.

Excel 예제 1.14 단순보의 응력검토

〈그림 1.29〉에 표시한 단순보에 집중하중 $P = 100\text{kN}$, 등분포하중 $q = 50\text{kN/m}$가 작용할 때에 지점반력, 최대휨모멘트, 최대전단력 및 최대처짐을 구하여 응력을 검토한다. 단, 보는 H형강을 사용하고 고정하중은 무시한다.

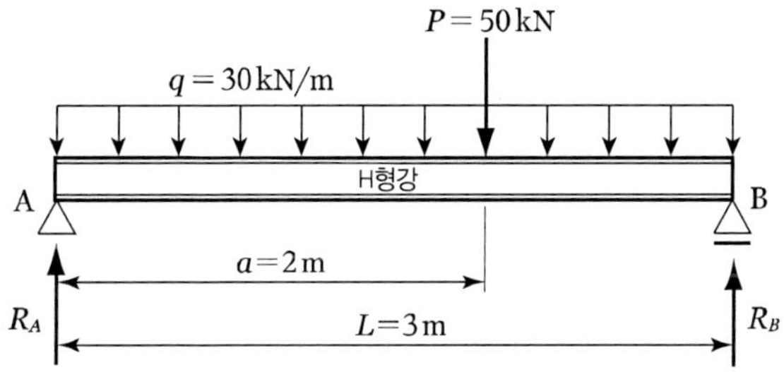

그림 1.29 집중하중과 등분포하중이 작용하는 단순보(H형강)

허용휨인장응력

$$\sigma_{ta} = 210 \ \ (\text{N/mm}^2)$$

허용휨압축응력

$$\sigma_{ca} = \{140 - 2.4(3000/250 - 4.5)\} \times 1.5$$
$$= 183 \ \ (\text{N/mm}^2)$$

허용전단응력

$$\tau_a = 120 \ (\text{N/mm}^2)$$

H-250×250×9×14를 사용하는 경우

단면적	$A = 91.43\,(\text{cm}^2)$
웨브 단면적	$A_w = (250-14\times2)\times9 = 1{,}998\,(\text{mm}^2)$
단면2차모멘트	$I = 10{,}700\,(\text{cm}^4)$
탄성계수	$E = 2.0\times10^5\ (\text{N/mm}^2)$
단면계수	$Z = 860\,(\text{cm}^3) = 860\times10^3\ (\text{mm}^3)$

지금까지의 예제에 의하여 다음 값들이 구해진다.

최대전단력	$S_{\max} = 141.67\,(\text{kN}) = 141.67\times10^3\ (\text{N})$
최대휨모멘트	$M_{\max} = 116.67\,(\text{kN}\cdot\text{m}) = 116.67\times10^6\ (\text{N}\cdot\text{mm})$
최대처짐	$y_{\max} = 4.7\,(\text{mm})$

전단응력은 다음과 같다.

$$\tau = \frac{S_{\max}}{A_w} = \frac{141.67\times10^3}{1{,}998} 70.9 \le \tau_a = 120.0 \ (\text{N/mm}^2)$$

휨압축응력은 다음과 같다.

$$\sigma = \frac{M_{\max}}{Z} = \frac{116.67\times10^6}{860\times10^3} = 135.7 < \sigma_{ca} = 183 \ (\text{N/mm}^2)$$

처짐은 다음과 같다.

$$y_x = 4.7 < 3{,}000/400 = 7.5 \text{ (mm)}$$

VBA (실행결과 예)

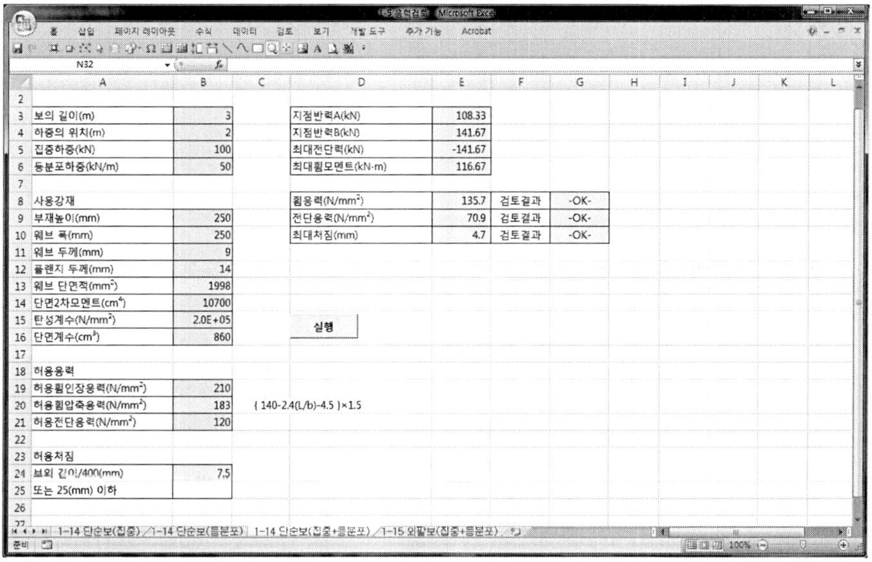

	A	B	C	D	E	F	G
2							
3	보의 길이(m)	3		지점반력A(kN)	108.33		
4	하중의 위치(m)	2		지점반력B(kN)	141.67		
5	집중하중(kN)	100		최대전단력(kN)	-141.67		
6	등분포하중(kN/m)	50		최대휨모멘트(kN·m)	116.67		
7							
8	사용강재			휨응력(N/mm²)	135.7	검토결과	-OK-
9	부재높이(mm)	250		전단응력(N/mm²)	70.9	검토결과	-OK-
10	웨브 폭(mm)	250		최대처짐(mm)	4.7	검토결과	-OK-
11	웨브 두께(mm)	9					
12	플랜지 두께(mm)	14					
13	웨브 단면적(mm²)	1998					
14	단면2차모멘트(cm⁴)	10700					
15	탄성계수(N/mm²)	2.0E+05		실행			
16	단면계수(cm³)	860					
17							
18	허용응력						
19	허용휨인장응력(N/mm²)	210					
20	허용휨압축응력(N/mm²)	183	{ 140-2.4(L/b)-4.5 }×1.5				
21	허용전단응력(N/mm²)	120					
22							
23	허용처짐						
24	보의 길이/400(mm)	7.5					
25	또는 25(mm) 이하						
26							

Excel 예제 1.15 외팔보의 응력검토

〈그림 1.30〉에 표시한 외팔보에 집중하중 $P = 30\text{kN}$, 등분포하중 $q = 10\text{kN/m}$가 작용할 때에 지점반력, 최대휨모멘트, 최대전단력 및 최대처짐을 구하여 응력을 검토한다. 단, 보는 H형강을 사용하고 고정하중은 무시한다.

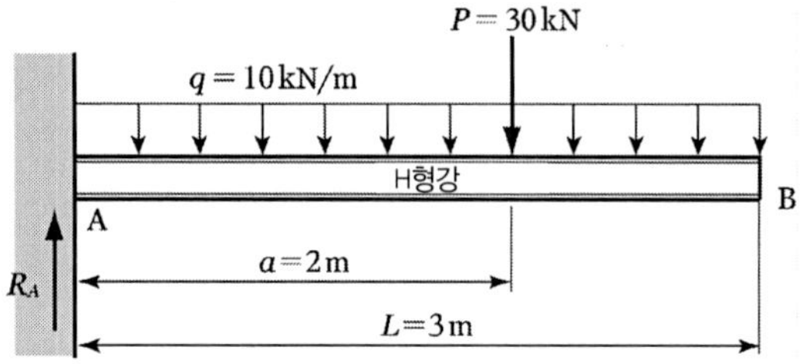

그림 1.30 집중하중과 등분포하중이 작용하는 외팔보(H형강)

지금까지의 예제와 같은 방법과 순서로 프로그램을 작성하였다. 사용하는 부재는 예제 1.14와 같은 H－250 × 250 × 9 × 14를 사용하는 경우를 표시하였다.

VBA (실행결과 예)

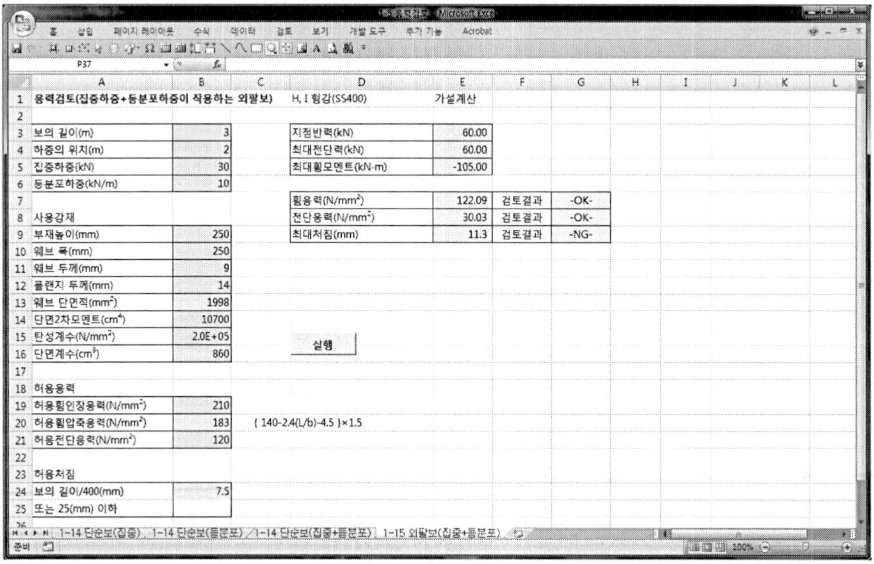

	A	B	C	D	E	F	G
1	응력검토(집중하중+등분포하중이 작용하는 외팔보)			H, I 형강(SS400)	가설계산		
2							
3	보의 길이(m)	3		지점반력(kN)	60.00		
4	하중의 위치(m)	2		최대전단력(kN)	60.00		
5	집중하중(kN)	30		최대휨모멘트(kN·m)	-105.00		
6	등분포하중(kN/m)	10					
7				휨응력(N/mm²)	122.09	검토결과	-OK-
8	사용강재			전단응력(N/mm²)	30.03	검토결과	-OK-
9	부재높이(mm)	250		최대처짐(mm)	11.3	검토결과	-NG-
10	웨브 폭(mm)	250					
11	웨브 두께(mm)	9					
12	플랜지 두께(mm)	14					
13	웨브 단면적(mm²)	1998					
14	단면2차모멘트(cm⁴)	10700					
15	탄성계수(N/mm²)	2.0E+05		실행			
16	단면계수(cm³)	860					
17							
18	허용응력						
19	허용휨인장응력(N/mm²)	210					
20	허용휨압축응력(N/mm²)	183	{ 140-2.4(L/b)-4.5 }×1.5				
21	허용전단응력(N/mm²)	120					
22							
23	허용처짐						
24	보의 길이/400(mm)	7.5					
25	또는 25(mm) 이하						

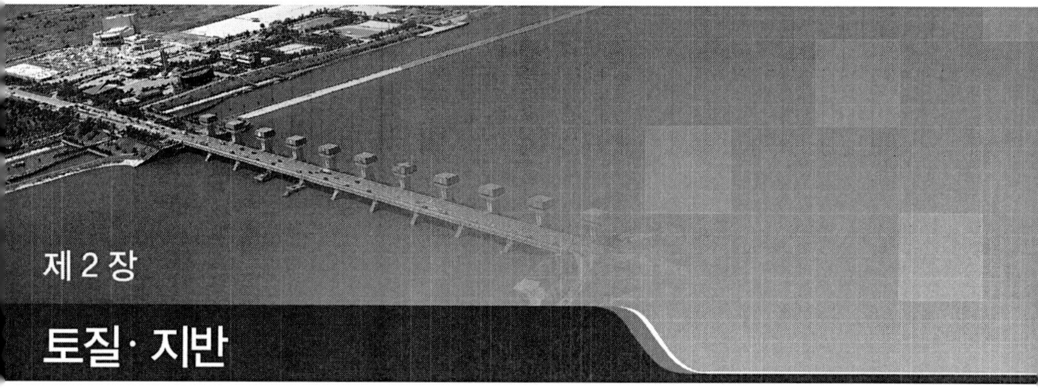

제 2 장 토질·지반

2.1 흙의 상태를 나타내는 제원

흙은 <그림 2.1>과 같이 흙 입자 · 물 · 공기로 구성되어 있다. 그림의 구성 비율은 고체부분의 흙 입자와 간극부분의 물 · 공기가 차지하는 각 질량 및 체적의 비율에 의하여 흙의 상태를 수량화하여 나타낸 것이다.

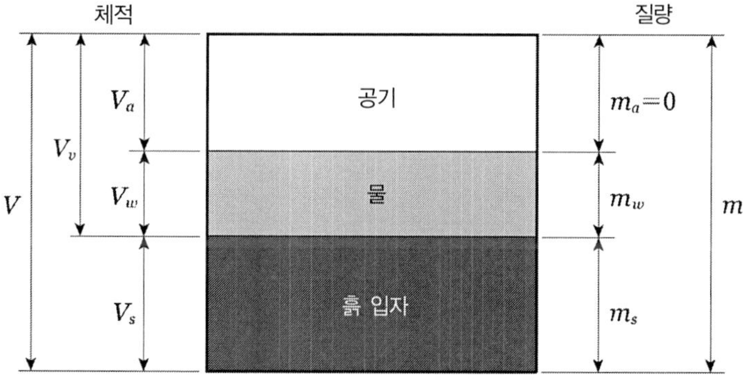

그림 2.1 흙의 구성

흙 입자의 밀도 : $\rho_s = m_s / V_s$ (g/cm^3)

함수비 : $w = m_w / m_s \times 100$ (%)

습윤밀도 : $\rho_t = m/V$ (g/cm^3)

이상의 3가지 양을 기본으로 다음과 같은 상태량을 나타낸다.

건조밀도 : $\rho_d = m_s/V = \rho_t/(1+w/100)$ (g/cm^3)

간극비 : $e = V_v/V_s = \rho_s/\rho_d - 1$

간극률 : $n = V_v/V \times 100 = \{e/(1+e)\} \times 100$ (%)

포화도 : $S_r = V_w/V_v \times 100 = (w/e) \times \rho_s$ (%)

단, 물의 밀도 $\rho_w = 1$로 한다.

Excel 예제 2.1 흙의 물리적인 성질의 검토

측정된 흙의 토질시험결과(흙 입자의 밀도, 함수비, 습윤밀도)에서 흙의 구성제원 및 건조밀도, 간극비, 간극률, 포화도를 구한다. 단, 물의 밀도는 1g/cm^{3}로 한다.

VBA (실행결과 예)

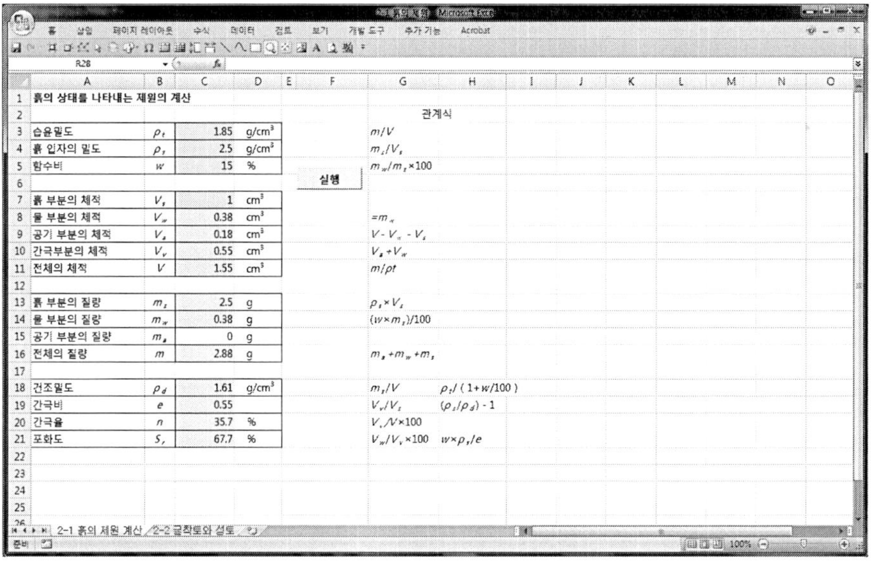

	A	B	C	D	G	H
1	흙의 상태를 나타내는 제원의 계산					
2					관계식	
3	습윤밀도	ρ_t	1.85	g/cm³	m/V	
4	흙 입자의 밀도	ρ_s	2.5	g/cm³	m_s/V_s	
5	함수비	w	15	%	$m_w/m_s \times 100$	
6						
7	흙 부분의 체적	V_s	1	cm³		
8	물 부분의 체적	V_w	0.38	cm³	$=m_w$	
9	공기 부분의 체적	V_a	0.18	cm³	$V - V_w - V_s$	
10	간극부분의 체적	V_v	0.55	cm³	$V_a + V_w$	
11	전체의 체적	V	1.55	cm³	$m/\rho t$	
12						
13	흙 부분의 질량	m_s	2.5	g	$\rho_s \times V_s$	
14	물 부분의 질량	m_w	0.38	g	$(w \times m_s)/100$	
15	공기 부분의 질량	m_a	0	g		
16	전체의 질량	m	2.88	g	$m_a + m_w + m_s$	
17						
18	건조밀도	ρ_d	1.61	g/cm³	m_s/V	$\rho_t/(1+w/100)$
19	간극비	e	0.55		V_v/V_s	$(\rho_s/\rho_d) - 1$
20	간극율	n	35.7	%	$V_v/V \times 100$	
21	포화도	S_r	67.7	%	$V_w/V_v \times 100$	$w \times \rho_s/e$

VBA 프로그램 소스

```
Option Explicit

Private Sub CommandButton1_Click( )

    Dim 습윤밀도 As Double
    Dim 흙입자밀도 As Double
    Dim 함수비 As Double
    Dim 공기질량 As Double
    Dim 물질량 As Double
    Dim 흙질량 As Double
    Dim 전체질량 As Double
    Dim 공기체적 As Double
    Dim 물체적 As Double
    Dim 간극체적 As Double
    Dim 흙체적 As Double
    Dim 전체체적 As Double
    Dim 건조밀도 As Double
    Dim 간극비 As Double
```

```
    Dim 간극률 As Double
    Dim 포화도 As Double

    '입력
    습윤밀도 = Range("_습윤밀도")
    흙입자밀도 = Range("_흙입자밀도")
    함수비 = Range("_함수비")
    흙체적 = Range("_흙체적")

    '계산
    공기질량 = 0
    흙질량 = 흙입자밀도 * 흙체적
    물질량 = (함수비 / 100) * 흙질량
    전체질량 = 공기질량 + 물질량 + 흙질량

    물체적 = 물질량
    전체체적 = 전체질량 / 습윤밀도
    공기체적 = 전체체적 - 물체적 - 흙체적
    간극체적 = 공기체적 + 물체적

    건조밀도 = 흙질량 / 전체체적
    간극비 = 간극체적 / 흙체적
    간극률 = (간극체적 / 전체체적) * 100
    포화도 = (물체적 / 간극체적) * 100

    '체적
    Range("_공기질량") = 공기질량
    Range("_물질량") = Round(물질량, 2)
    Range("_흙질량") = Round(흙질량, 2)
    Range("_전체질량") = Round(전체질량, 2)
    Range("_공기체적") = Round(공기체적, 2)
    Range("_물체적") = Round(물체적, 2)
    Range("_간극체적") = Round(간극체적, 2)
    Range("_전체체적") = Round(전체체적, 2)
    Range("_건조밀도") = Round(건조밀도, 2)
    Range("_간극비") = Round(간극비, 2)
    Range("_간극률") = Round(간극률, 1)
    Range("_포화도") = Round(포화도, 1)

End Sub
```

Excel 예제 2.2	굴착토사의 계산

흙의 습윤밀도 1.75g/cm^3, 함수비 21%의 굴착토사에서 건조밀도 1.70g/cm^{3}의 성토를 구축하는 경우에 성토의 포화도를 구한다. 또, 성토의 필요체적이 100,000m^{3}인 경우에 굴착토사의 양을 구한다. 단, 흙 입자의 밀도는 $\rho_s = 2.75$g/cm^3, 물의 밀도는 1g/cm^{3}로 한다.

굴착토사

건조밀도 ρ_d

$$\rho_d = \rho_t/(1+w/100) = 1.75/(1+21/100) = 1.446\ (\text{g/cm}^3)$$

간극비 e_0

$$e_0 = \rho_s/\rho_d - 1 = 2.75/1.446 - 1 = 0.902$$

체적 V

$$e_0 = V_v/V_s \quad V_0 = V_v + V_s \text{ 에서}$$
$$V_0 = e_0 V_v + V_s = V_s(e_0 + 1)$$

성 토

간극비 e

$$e = \rho_s/\rho_d - 1 = 2.75/1.70 - 1 = 0.618$$

포화도 S_r

$$S_r = w\rho_s/e = (21 \times 2.75)/0.618 = 93.4\ (\%)$$

체적 V

$$V = eV_s + V_s = V_s(e+1) = 100{,}000\,(\mathrm{m}^3)\text{ 에서}$$
$$V_s = 100{,}000/(0.618+1) = 61{,}805\,(\mathrm{m}^3)$$

굴착토사량

굴착토사의 흙 입자 V_s의 필요량은 61,805(m^3)이므로 다음과 같이 나타낼 수 있다.

$$V_0 = V_s(e_0+1) = 61{,}805 \times (0.902+1) = 117{,}553\,(\mathrm{m}^3)$$

또는

$$V_0 = \frac{(e_0+1)}{(e+1)}V = \frac{(0.902+1)}{(0.618+1)} \times 100{,}000 = 117{,}553\,(\mathrm{m}^3)$$

VBA (실행결과 예)

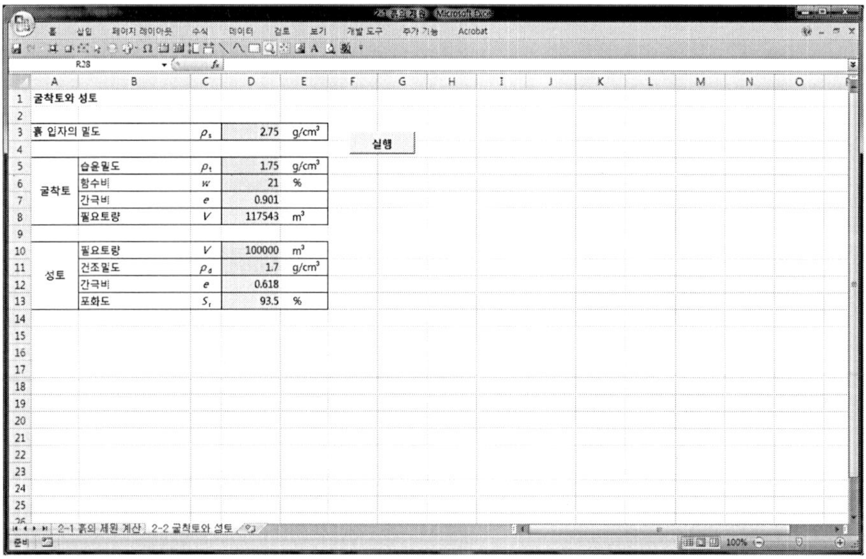

굴착토와 성토				
흙 입자의 밀도		ρ_s	2.75	g/cm³
굴착토	습윤밀도	ρ_t	1.75	g/cm³
	함수비	w	21	%
	간극비	e	0.901	
	필요토량	V	117543	m³
성토	필요토량	V	100000	m³
	건조밀도	ρ_d	1.7	g/cm³
	간극비	e	0.618	
	포화도	S_r	93.5	%

VBA 프로그램 소스

```
Option Explicit
Private Sub CommandButton1_Click( )

    Dim 흙입자밀도 As Double
    Dim 굴착토습윤밀도 As Double
    Dim 굴착토함수비 As Double
    Dim 굴착토간극비 As Double
    Dim 성토간극비 As Double
    Dim 굴착토필요토량 As Double
    Dim 성토필요토량 As Double
    Dim 굴착토건조밀도 As Double
    Dim 성토건조밀도 As Double
    Dim 성토포화도 As Double

    '입력
    굴착토습윤밀도 = Range("_굴착토습윤밀도")
    굴착토함수비 = Range("_굴착토함수비")
    흙입자밀도 = Range("_흙입자밀도")
    성토건조밀도 = Range("_성토건조밀도")
    성토필요토량 = Range("_성토필요토량")

    '계산
    굴착토건조밀도 = 굴착토습윤밀도 / (1 + (굴착토함수비 / 100))
    굴착토간극비 = (흙입자밀도 / 굴착토건조밀도) - 1
    성토간극비 = (흙입자밀도 / 성토건조밀도) - 1
    성토포화도 = (굴착토함수비 * 흙입자밀도) / 성토간극비
    굴착토필요토량 = ((굴착토간극비 + 1) / (성토간극비 + 1)) * 성토필요토량

    '체적
    Range("_굴착토간극비") = Round(굴착토간극비, 3)
    Range("_굴착토필요토량") = Round(굴착토필요토량, 0)
    Range("_성토간극비") = Round(성토간극비, 3)
    Range("_성토포화도") = Round(성토포화도, 2)

End Sub
```

2.2 토 압

2.2.1 쿨롱토압

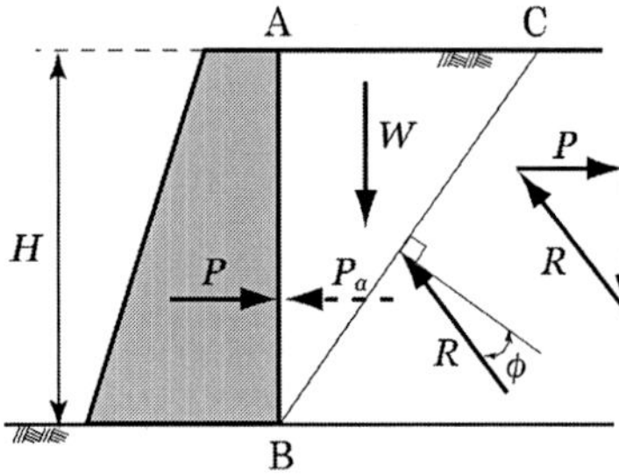

그림 2.2 쿨롱토압(주동토압)

쿨롱토압(Coulomb's earth pressure)은 <그림 2.2>의 옹벽에 있어서 쐐기 W가 BC면을 따라서 아래쪽으로 활동할 때에 옹벽이 쐐기를 지지하는 힘 P와 활동면의 마찰력 R과 평형을 이루고 있으면 주동토압 P_a는 P와 크기가 같고 방향이 반대인 힘이라고 하는 생각에 근거하고 있다. 수동토압 P_p는 역으로 쐐기 W를 들어올리려고 하는 경우의 힘으로써 고려한다.

이상의 고려를 기준으로 하면 쿨롱토압은 아래의 식으로 나타낼 수 있다. 토압의 작용위치는 토압부분은 벽면높이의 1/3, 점착력이나 지표재하중의 부분은 벽면높이의 1/2을 고려한다(여기서는 쿨롱토압 식을 개량한 식도 '쿨롱토압'으로 부른다).

주동토압

$$P_a = \frac{1}{2}\gamma H^2 K_a$$

$$K_a = \tan^2\left(45° - \frac{\phi}{2}\right)$$

수동토압

$$P_p = \frac{1}{2}\gamma H^2 K_p$$

$$K_p = \tan^2\left(45° + \frac{\phi}{2}\right)$$

여기서, P_a : 주동토압(kN/m)

P_p : 수동토압(kN/m)

K_a : 주동토압계수

K_p : 수동토압계수

γ : 흙의 단위중량(kN/m^3)

H : 토압이 작용하는 벽 높이(m)

ϕ : 흙의 내부마찰각(°)

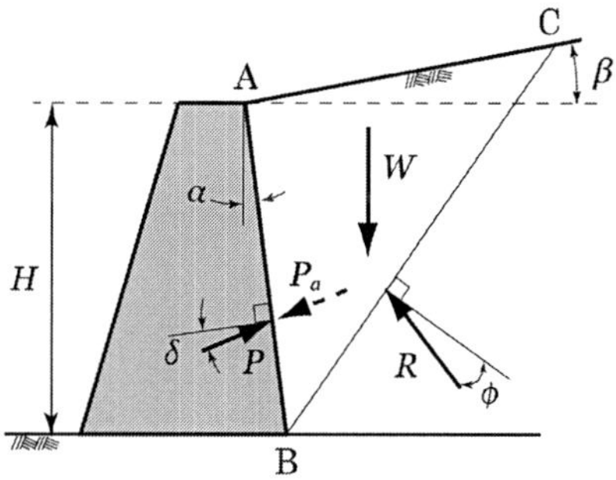

그림 2.3 쿨롱주동토압(배면토사 경사, 벽면경사가 있는 경우)

배면토사 및 벽면에 경사가 있는 주동토압은 다음의 식으로 나타낸다.

$$P_a = \frac{1}{2}\gamma H^2 K_a$$

$$K_a = \frac{\cos^2(\phi - \alpha)}{\cos^2\alpha\cos(\alpha+\delta)\left\{1+\sqrt{\frac{\sin(\phi+\delta)\sin(\phi-\beta)}{\cos(\alpha+\delta)\cos(\alpha-\beta)}}\right\}^2}$$

여기서, P_a : 주동토압(kN/m)

K_a : 주동토압계수

H : 토압이 작용하는 벽 높이(m)

γ : 흙의 단위중량(kN/m^3)

ϕ : 흙의 내부마찰각(°)

α : 벽 배면의 경사각(°)

β : 배면토사의 경사(°)

δ : 벽면마찰각(°)

지표면에 상재하중 q(등분포하중)가 있는 경우의 주동토압은 아래 식과 같다.

$$P_a = \left(\frac{1}{2}\gamma H^2 + \frac{\cos\alpha}{\cos(\alpha-\beta)}qH\right)K_a$$

또한 점착력 c가 있는 경우의 주동토압은 다음 식과 같다.

$$P_a = \frac{1}{2}\gamma(H - z_c)^2 K_a$$

$$z_c = \frac{2c}{\gamma}\tan\left(45° + \frac{\phi}{2}\right)$$

$$h_a = \frac{H - z_c}{3}$$

여기서, z_c : 주동토압 응력이 0이 되는 위치(m)

h_a : 주동토압의 작용점(m)

Excel 예제 2.3 쿨롱토압

제반 조건을 주어 쿨롱의 주동토압 및 작용위치를 계산한다. 단, 점착력은 없는 것으로 한다.

VBA (실행결과 예)

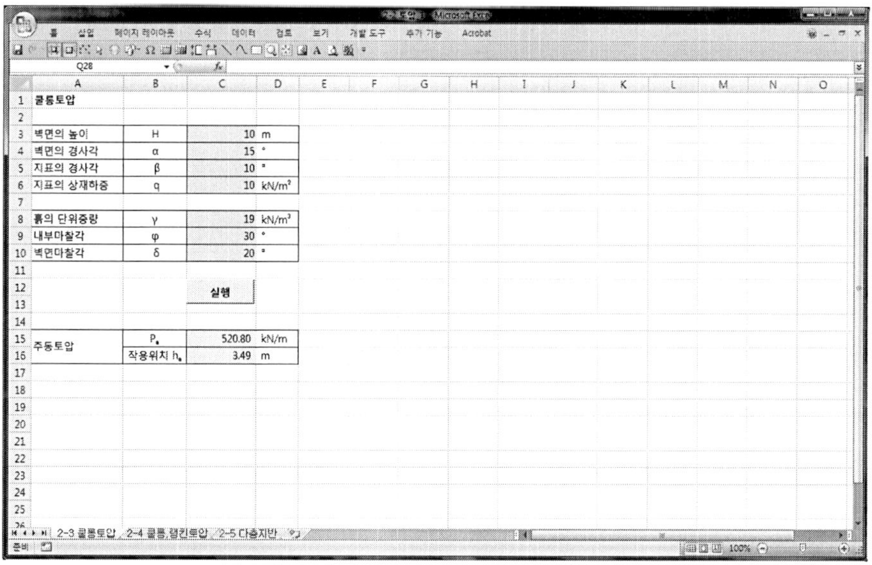

VBA 프로그램 소스

```
Option Explicit

Sub CMD실행_Click( )

    Dim 벽면높이 As Double
    Dim 벽면마찰각 As Double
    Dim 지표경사각 As Double
    Dim 지표상재하중 As Double
    Dim 흙의단위중량 As Double
    Dim 내부마찰각 As Double
    Dim 벽면마찰각 As Double

    Dim 주동토압 As Double
    Dim 주동토압계수 As Double
    Dim 주동토압작용위치 As Double

    '입력
    벽면높이 = Range("_벽면높이")
    벽면마찰각 = 라디안변환(Range("_벽면마찰각"))
    지표경사각 = 라디안변환(Range("_지표경사각"))
    지표상재하중 = Range("_지표상재하중")
    흙의단위중량 = Range("_흙의단위중량")
    내부마찰각 = 라디안변환(Range("_내부마찰각"))
    벽면마찰각 = 라디안변환(Range("_벽면마찰각"))

    '계산
    주동토압계수 = ((Cos(내부마찰각 - 벽면마찰각)) ^ 2) / _
                    (Cos(벽면마찰각) ^ 2 * _
                    Cos(벽면마찰각 + 벽면마찰각) * _
                    (1 + Sqr((Sin(내부마찰각 + 벽면마찰각) * _
                    Sin(내부마찰각 - 지표경사각)) / _
                    (Cos(벽면마찰각 + 벽면마찰각) * _
                    Cos(벽면마찰각 - 지표경사각)))) ^ 2)

    주동토압 = ((흙의단위중량 * 벽면높이 ^ 2 / 2) _
            + (Cos(벽면마찰각) / Cos(벽면마찰각 - 지표경사각) * 지표상재하중 * 벽면높이)) _
            * 주동토압계수

    주동토압작용위치 = ((흙의단위중량 * 벽면높이 ^ 2 / 2) * (벽면높이 / 3) _
        + (Cos(벽면마찰각) / Cos(벽면마찰각 - 지표경사각) * 지표상재하중 * 벽면높이) _
        * (벽면높이 / 2)) _
        * 주동토압계수 / 주동토압
```

```
    '출력
    Range("_주동토압") = Round(주동토압, 1)
    Range("_주동토압작용위치") = Round(주동토압작용위치, 2)

End Sub

Function 라디안변환(도 As Double) As Double
    라디안변환 = 도 * 3.14159265 / 180#
End Function
```

2.2.2 랭킨토압

랭킨토압(Rankine's earth pressure)은 탄성평형상태인 옹벽의 배면토사에서 미소부분에 대한 주응력의 관계에서 옹벽에 가해지는 토압을 구하는 것이다. 옹벽배면이 수직이며 벽면의 마찰각을 0으로 한 경우에 아래와 같은 식으로 나타낸다. 벽면에 작용하는 응력의 합계(토압합력)는 토압분포의 중심위치에 작용하며, 점착력 · 지표면 상재하중 부분은 벽면높이의 1/2 위치에 작용한다(여기서는 랭킨토압 식을 개량한 식도 '랭킨토압'으로 부른다).

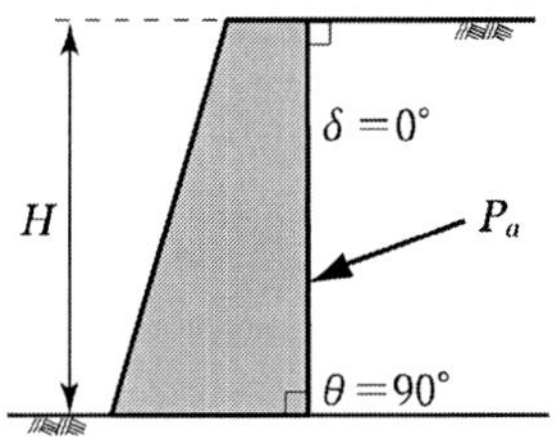

그림 2.4 랭킨토압

지표가 평평하고 점착력이 작용하지 않는 경우

- 주동토압 : 연직방향의 응력 σ_v가 측압 σ_a보다 큰 상태

$$\sigma_a = \sigma_v K_a$$

$$\sigma_v = \gamma z$$

$$P_a = \int_0^H \gamma z K_a dz = \frac{1}{2}\gamma H^2 K_a$$

$$K_a = \tan^2\left(45° - \frac{\phi}{2}\right)$$

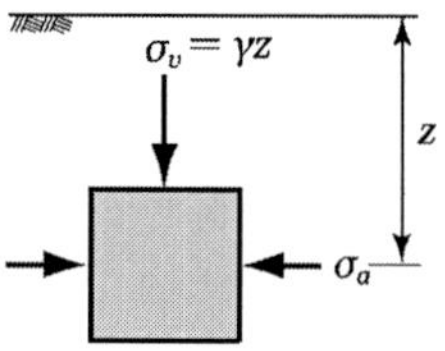

그림 2.5 주동토압

- 수동토압 : 연직방향의 응력 σ_v가 측압 σ_a보다 작은 상태

$$\sigma_p = \sigma_v K_p$$

$$\sigma_v = \gamma z$$

$$P_p = \int_0^H \gamma z K_p dz = \frac{1}{2}\gamma H^2 K_p$$

$$K_p = \tan^2\left(45° + \frac{\phi}{2}\right)$$

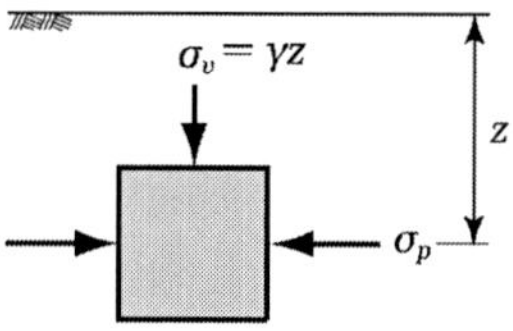

그림 2.6 수동토압

점착력 c가 있는 경우

- 주동토압

$$P_a = \frac{1}{2}\gamma H^2 K_a - 2cH\sqrt{K_a}$$

$$K_a = \tan^2\left(45° - \frac{\phi}{2}\right)$$

점착력은 주동토압을 경감하는 요소이기 때문에 일반적으로는 안전성을 고려하여 다음 식을 사용하는 경우가 많다.

$$P_a = \frac{1}{2}\gamma H^2 K_a - 2cH\sqrt{K_a} + \frac{2c^2}{\gamma}$$

- 수동토압

$$P_p = \frac{1}{2}\gamma H^2 K_p + 2cH\sqrt{K_p}$$

$$K_p = \tan^2\left(45° + \frac{\phi}{2}\right)$$

지표에 경사가 있는 경우

- 주동토압

$$P_a = \frac{1}{2}\gamma H^2 K_a$$

$$K_a = \cos i \frac{\cos i - \sqrt{\cos^2 i - \cos^2 \phi}}{\cos i + \sqrt{\cos^2 i - \cos^2 \phi}}$$

- 수동토압

$$P_p = \frac{1}{2}\gamma H^2 K_p$$

$$K_p = \cos i \frac{\cos i + \sqrt{\cos^2 i - \cos^2 \phi}}{\cos i - \sqrt{\cos^2 i - \cos^2 \phi}}$$

여기서, i : 지표의 경사각(°)

ϕ : 흙의 내부마찰각(°)

Excel 예제 2.4	쿨롱토압과 랭킨토압의 비교
제반 조건을 주어 점착력이 있는 경우에 쿨롱의 주동토압과 랭킨의 주동토압 및 작용위치를 비교한다. 단, 지표면은 수평이며, 옹벽배면은 수직으로 벽면의 마찰각을 0으로 한다.	

예제의 조건인 경우에 쿨롱토압과 랭킨토압은 일치한다.

주동토압

$$P_a = \frac{1}{2}\gamma H^2 K_a$$

$$K_a = \tan^2\left(45° - \frac{\phi}{2}\right)$$

수동토압

$$P_p = \frac{1}{2}\gamma H^2 K_p$$

$$K_p = \tan^2\left(45° + \frac{\phi}{2}\right)$$

점착력 c가 있는 경우에 쿨롱의 주동토압은 다음 식과 같다.

$$P_a = \frac{1}{2}\gamma(H - z_c)^2 K_a$$

$$z_c = \frac{2c}{\gamma}\tan\left(45° + \frac{\phi}{2}\right)$$

$$h_a = \frac{H - z_c}{3}$$

여기서, z_c : 주동토압 응력이 0이 되는 위치(m)

h_a : 주동토압의 작용점(m)

점착력 c가 있는 경우에 랭킨의 주동토압은 다음 식과 같다. 토압의 작용위치는 토압분포의 중심, 점착력의 작용위치는 벽 배면높이의 1/2 위치에 작용하는 것으로 하여 계산한다.

$$P_a = \frac{1}{2}\gamma H^2 K_a - 2cH\sqrt{K_a}$$

$$K_a = \tan^2\left(45° - \frac{\phi}{2}\right)$$

$$h_a = \frac{1}{P_a}\left(\frac{1}{2}\gamma H^2 K_a \times \frac{H}{3} - 2cH\sqrt{K_a} \times \frac{H}{2}\right)$$

또한, 안전을 고려한 경우도 병행하여 계산한다.

$$P_a = \frac{1}{2}\gamma H^2 K_a - 2cH\sqrt{K_a} + \frac{2c^2}{\gamma}$$

VBA (실행결과 예)

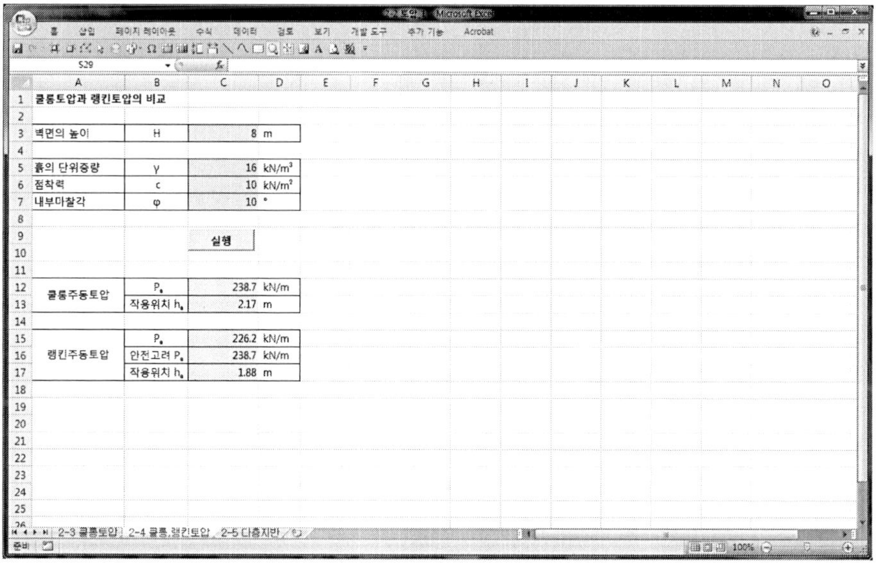

VBA 프로그램 소스

```
Option Explicit

Private Sub CMD실행_Click( )

    Dim 벽면높이 As Double
    Dim 단위중량 As Double
    Dim 점착력 As Double
    Dim 내부마찰각 As Double

    Dim 쿨롱주동토압 As Double
    Dim 쿨롱작용위치 As Double
    Dim 랭킨주동토압 As Double
    Dim 랭킨작용위치 As Double
    Dim 랭킨주동토압_안전 As Double

    Dim 주동토압계수 As Double
    Dim ZC As Double

    '입력
    벽면높이 = Range("_벽면높이")
    단위중량 = Range("_단위중량")
    점착력 = Range("_점착력")
    내부마찰각 = 라디안변환(Range("_내부마찰각"))

    '계산
    주동토압계수 = Tan((45 * 3.14159265 / 180#) - 내부마찰각 / 2) ^ 2

    ZC = (2 * 점착력 / 단위중량) * Tan((45 * 3.14159265 / 180#) + 내부마찰각 / 2)
    쿨롱주동토압 = 단위중량 * (벽면높이 - ZC) ^ 2 * 주동토압계수 / 2
    쿨롱작용위치 = (벽면높이 - ZC) / 3

    랭킨주동토압 = (단위중량 * 벽면높이 ^ 2 * 주동토압계수) / 2 _
            - 2 * 점착력 * 벽면높이 * Sqr(주동토압계수)

    랭킨작용위치 = (((단위중량 * 벽면높이 ^ 2 * 주동토압계수) / 2) * (벽면높이 / 3) _
            - (2 * 점착력 * 벽면높이 * Sqr(주동토압계수)) * (벽면높이 / 2)) / 랭킨주동토압

    랭킨주동토압_안전 = 랭킨주동토압 + (2 * 점착력 ^ 2 / 단위중량)

    '출력
    Range("_쿨롱주동토압") = Round(쿨롱주동토압, 1)
    Range("_쿨롱작용위치") = Round(쿨롱작용위치, 2)

    Range("_랭킨주동토압") = Round(랭킨주동토압, 1)
    Range("_랭킨주동토압_안전") = Round(랭킨주동토압_안전, 1)
    Range("_랭킨작용위치") = Round(랭킨작용위치, 2)

End Sub
Function 라디안변환(도 As Double) As Double
    라디안변환 = 도 * 3.14159265 / 180#
End Function
```

Excel 예제 2.5 **다층지반의 토압**

〈그림 2.7〉에 표시한 것과 같이 배면토사가 다층으로 되어 있는 지반에서 토질 조건이 다른 경우의 주동토압의 합력과 그 작용위치를 구한다. 단, 수압은 고려하지 않는다.

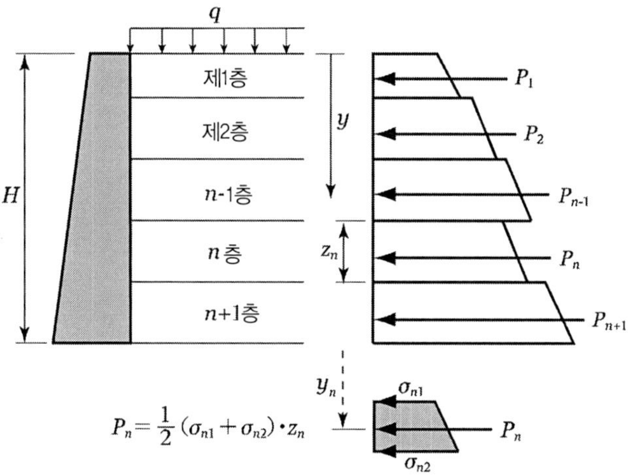

그림 2.7 다층지반

각 층 연단부의 응력(주동 상태)

$$\sigma_a = (\gamma z + q)K_a - 2c\sqrt{K_a}$$

$$K_a = \tan^2\left(45° - \frac{\phi}{2}\right)$$

점착력에 의하여 응력이 마이너스가 되는 경우는 <그림 2.8>과 같이 응력을 0으로 한다.

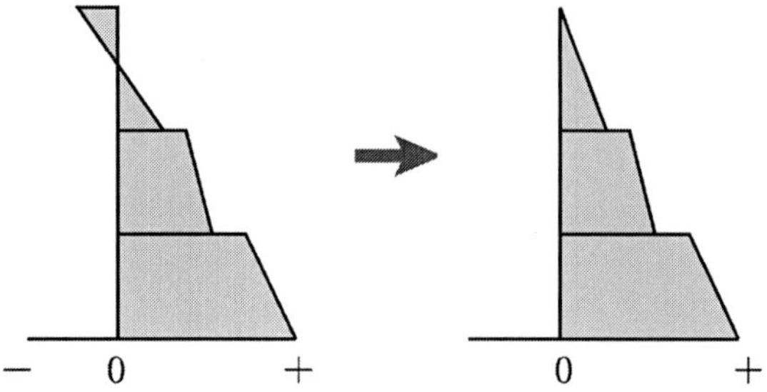

그림 2.8 점착력이 있는 경우

VBA (실행결과 예)

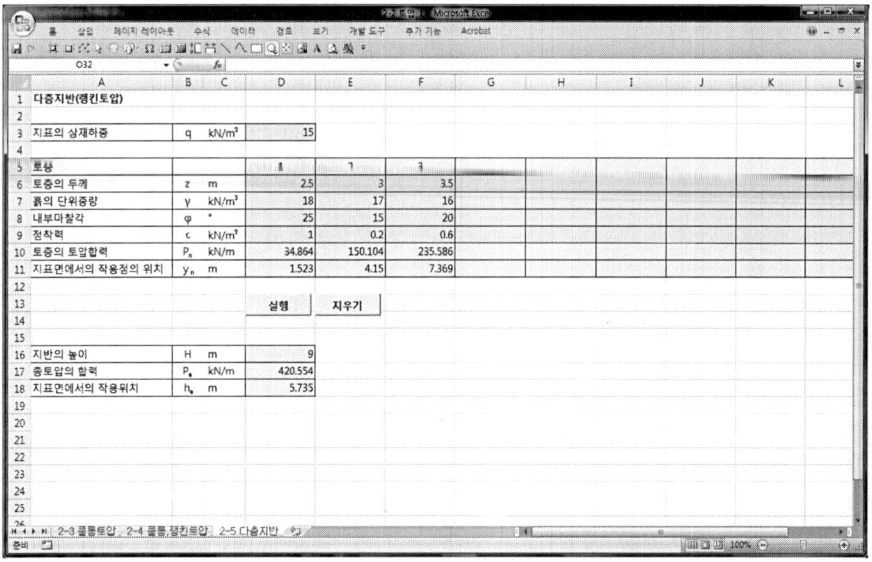

	A	B	C	D	E	F
1	**다층지반(랭킨토압)**					
2						
3	지표의 상재하중	q	kN/m²	15		
4						
5	토층			1	2	3
6	토층의 두께	z	m	2.5	3	3.5
7	흙의 단위중량	γ	kN/m³	18	17	16
8	내부마찰각	φ	°	25	15	20
9	점착력	c	kN/m²	1	0.2	0.6
10	토층의 토압합력	P_n	kN/m	34.864	150.104	235.586
11	지표면에서의 작용점의 위치	y_n	m	1.523	4.15	7.369
12						
13				실행	지우기	
14						
15						
16	지반의 높이	H	m	9		
17	총토압의 합력	P_a	kN/m	420.554		
18	지표면에서의 작용위치	h_a	m	5.735		

VBA 프로그램 소스

```
Option Explicit
Private Sub CMD실행_Click( )

    Dim 지표상재하중 As Double
    Dim 토층두께( ) As Double
    Dim 단위중량( ) As Double
    Dim 내부마찰각( ) As Double
    Dim 점착력( ) As Double
    Dim 토층토압( ) As Double
    Dim 토층토압작용위치( ) As Double
    Dim 총토압합력 As Double
    Dim 총토압작용위치 As Double
    Dim 토층수 As Integer
    Dim 토층No( ) As Integer
    Dim I As Integer

    '토층수 Count
    토층수 = 0
    Do Until IsEmpty(Range("_토층두께").Offset(0, 토층수))
        토층수 = 토층수 + 1
    Loop
    '배열크기를 지정
    ReDim 내부마찰각(1 To 토층수)
    ReDim 점착력(1 To 토층수)
    ReDim 단위중량(1 To 토층수)
    ReDim 토층두께(1 To 토층수)
    ReDim 토층토압(1 To 토층수)
    ReDim 토층토압작용위치(1 To 토층수)
    ReDim 토층No(1 To 토층수)

    '입력
    지표상재하중 = Range("_지표상재하중")
    For I = 1 To 토층수
        내부마찰각(I) = 라디안변환(Range("_내부마찰각").Offset(0, I - 1))
        점착력(I) = Range("_점착력").Offset(0, I - 1)
        단위중량(I) = Range("_단위중량").Offset(0, I - 1)
        토층두께(I) = Range("_토층두께").Offset(0, I - 1)
    Next

    '계산
    Const PI As Double = 3.14159265
    Dim Ka As Double
    Dim 주동토압강도1 As Double
```

```
    Dim 주동토압강도2 As Double
    Dim 합계두께 As Double
    Dim J As Integer

    토층수 = UBound(토층두께)
    합계두께 = 0#
    For I = 1 To 토층수
        Ka = Tan(45 * PI / 180# - (내부마찰각(I) / 2)) ^ 2
        주동토압강도1 = 0#
            For J = 1 To I - 1
                주동토압강도1 = 주동토압강도1 + 단위중량(J) * 토층두께(J)
            Next
        주동토압강도2 = 주동토압강도1 + 단위중량(I) * 토층두께(I)
        주동토압강도1 = (주동토압강도1 + 지표상재하중) * Ka - 2# * 점착력(I) * Sqr(Ka)
        주동토압강도2 = (주동토압강도2 + 지표상재하중) * Ka - 2# * 점착력(I) * Sqr(Ka)

        If 주동토압강도1 < 0# Then 주동토압강도1 = 0#
        토층토압(I) = (주동토압강도1 + 주동토압강도2) * 토층두께(I) / 2#
        합계두께 = 합계두께 + 토층두께(I)
        토층토압작용위치(I) = 합계두께 - (2# * 주동토압강도1 + 주동토압강도2) / _
                                (3# * (주동토압강도1 + 주동토압강도2)) * 토층두께(I)
    Next
    총토압합력 = 0#
    총토압작용위치 = 0#
    For I = 1 To 토층수
        총토압합력 = 총토압합력 + 토층토압(I)
        총토압작용위치 = 총토압작용위치 + 토층토압(I) * 토층토압작용위치(I)
    Next I
    총토압작용위치 = 총토압작용위치 / 총토압합력

    '출력
    For I = 1 To 토층수
        토층No(I) = I
        Range("_토층No").Offset(0, I - 1) = 토층No(I)
    Next
    For I = 1 To 토층수
        Range("_토층토압").Offset(0, I - 1) = Round(토층토압(I), 3)
        Range("_토층토압작용위치").Offset(0, I - 1) = Round(토층토압작용위치(I), 3)
    Next
    Range("_합계두께") = Round(합계두께, 3)
    Range("_총토압합력") = Round(총토압합력, 3)
    Range("_총토압작용위치") = Round(총토압작용위치, 3)

End Sub
```

```
Function 라디안변환(도 As Double) As Double
    라디안변환 = 도 * 3.14159 / 180#
End Function

Private Sub 지우기_Click( )
    Range("D3:Z18") = ""
End Sub
```

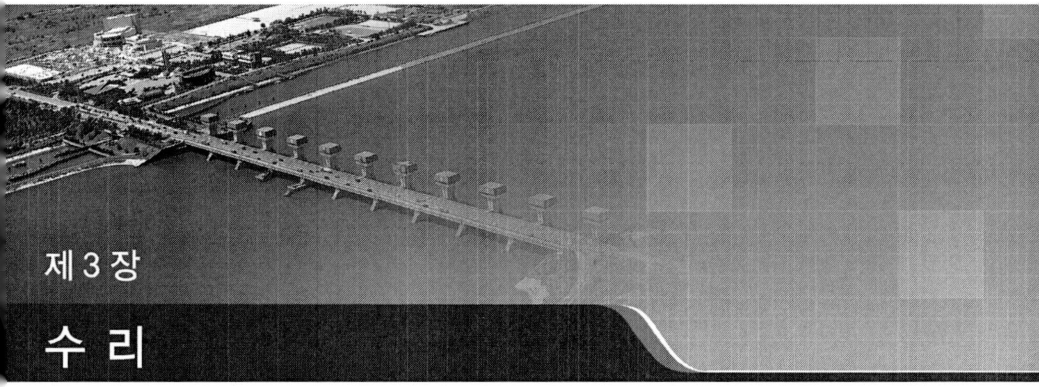

제 3 장 수 리

3.1 정수역학

정지된 유체 중에 임의의 미소평면을 보면 그 면을 통하여 양측의 유체가 서로 밀어내는 힘이 존재한다. 이것을 정수압(hydrostatic pressure)이라 한다. 정수압은 단위면적당의 힘으로 나타내는데, 등방향에서 면의 방향에 상관없는 스칼라(scalar)이다. 지구상에서는 중력이 작용하고 있기 때문에 정지하고 있는 수중에서는 정수압이 작용한다.

정수압 P는 수면에서의 깊이 h와 물의 단위중량 w에 의하여 다음과 같이 나타낸다.

$$P = wh$$

압력의 단위는 다음과 같이 나타낸다.

$$\mathrm{Pa}(\text{파스칼}) = \mathrm{N/m^2}$$

물에 접하는 고체표면에 활동하는 정수압의 방향은 면에 수직이다. 따라서 수평한 면에서는 면적을 A, 수면에서의 깊이를 h로 하면, 이 면에 작용하는 전수압 P는 다음과 같이 되며, P의 작용점은 그 면의 도심이다.

$$P = whA$$

수직한 임의 모양의 평면에 있어서는 x-y축을 수면으로 z축을 연직 아랫방향으로, 면은 y-z면 상에 있는 것으로 하면, y축에 평행한 평면을 가늘고 긴 면적 a_i로 나눈 경우, a_i면에 작용하는 수압의 강도는 wz_i이므로 면 전체에 작용하는 수압 P는 wa_iz_i를 서로 더하는 것이 된다.

$$P = w(a_1z_1 + a_2z_2 + \cdots + a_nz_n) = w\sum_{i=1}^{n} a_iz_i$$

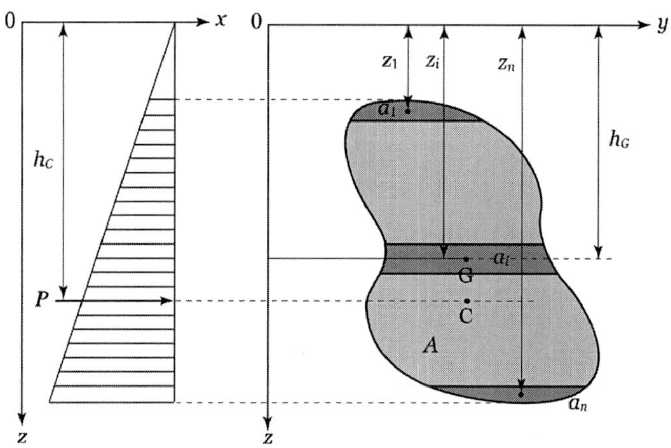

그림 3.1 정지한 유체의 평면

수면에서 평면의 도심 G까지의 깊이를 h_G, 전면적을 A라고 하면 수압 P는 다음과 같이 된다.

$$P = wh_G A$$

또, P의 작용점을 C(수압의 중심)라고 하면, C까지의 깊이 h_C는 평면에 작용하는 수압의 y축 둘레의 2차모멘트를 고려하는 것에 따라서 구해지는데 다음과 같다.

$$Ph_C = wI$$

여기서 I는 평면의 y 축 둘레의 단면2차모멘트이다. 평면의 도심을 통과하는 수평선 둘레의 단면2차모멘트를 I_0로 하면 다음과 같다.

$$I = I_0 + Ah_G^2$$

따라서 수압의 중심 깊이 h_C는 다음 식과 같이 성립된다.

$$h_C = \frac{I}{h_G A} = h_G + \frac{I_0}{h_G A}$$

위의 식에 의하면 수압의 중심은 도심보다도 $I_0/h_G A$만큼 아래가 된다. 따라서 여러 가지 모양의 평면에 있어서 수압의 중심을 구하기 위해서는 그 면의 도심위치와 단면2차모멘트 I_0의 값을 구할 필요가 있다.

Excel 예제 3.1	정수압의 계산
수면에 수직한 평면(사각형, 삼각형, 사다리꼴, 원형)에 작용하는 수압 및 그 작용위치를 구한다.	

사각형

워크시트 (셀의 이름)

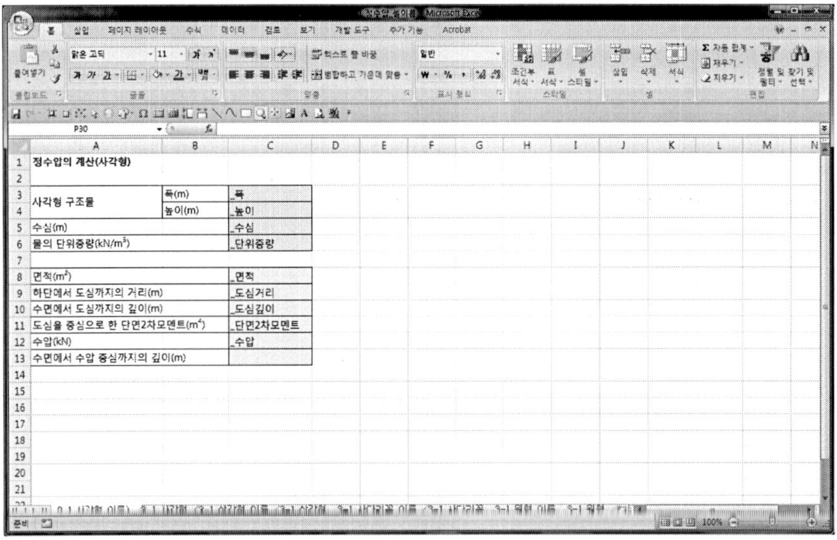

	A	B	C
1	정수압의 계산(사각형)		
2			
3	사각형 구조물	폭(m)	_폭
4		높이(m)	_높이
5	수심(m)		_수심
6	물의 단위중량(kN/m^3)		_단위중량
7			
8	면적(m^2)		_면적
9	하단에서 도심까지의 거리(m)		_도심거리
10	수면에서 도심까지의 깊이(m)		_도심깊이
11	도심을 중심으로 한 단면2차모멘트(m^4)		_단면2차모멘트
12	수압(kN)		_수압
13	수면에서 수압 중심까지의 깊이(m)		

워크시트 (실행결과)

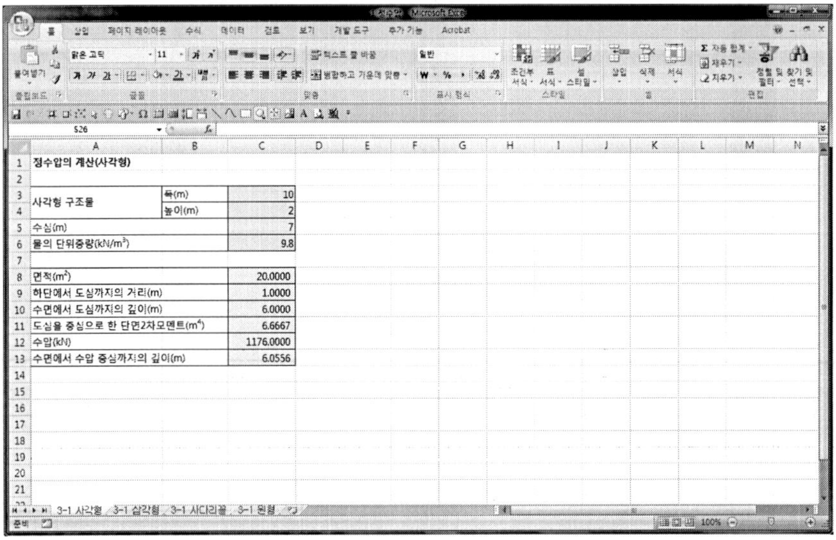

	A	B	C
1	정수압의 계산(사각형)		
2			
3	사각형 구조물	폭(m)	10
4		높이(m)	2
5	수심(m)		7
6	물의 단위중량(kN/m^3)		9.8
7			
8	면적(m^2)		20.0000
9	하단에서 도심까지의 거리(m)		1.0000
10	수면에서 도심까지의 깊이(m)		6.0000
11	도심을 중심으로 한 단면2차모멘트(m^4)		6.6667
12	수압(kN)		1176.0000
13	수면에서 수압 중심까지의 깊이(m)		6.0556

셀 입력데이터

C8(_면적) = _폭 * 높이
C9(_도심거리) = _높이 / 2
C10(_도심깊이) = _수심 - _도심거리
C11(_단면2차모멘트) = _폭 * _높이 ^ 3 / 12
C12(_수압) =_도심깊이 * _면적 * _단위중량
C13(수압중심) = _도심깊이 + _단면2차모멘트 /(_도심깊이 * _면적)

삼각형

워크시트 (셀의 이름)

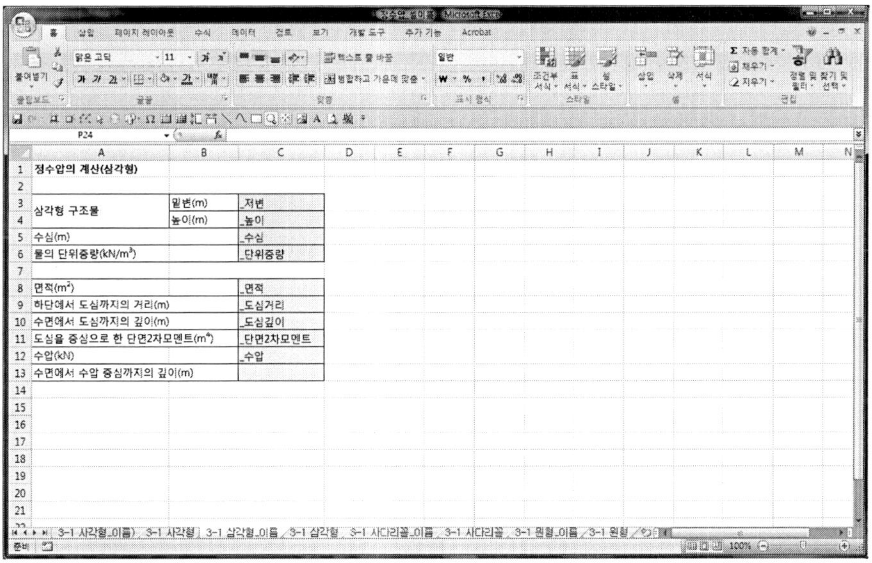

워크시트 (실행결과)

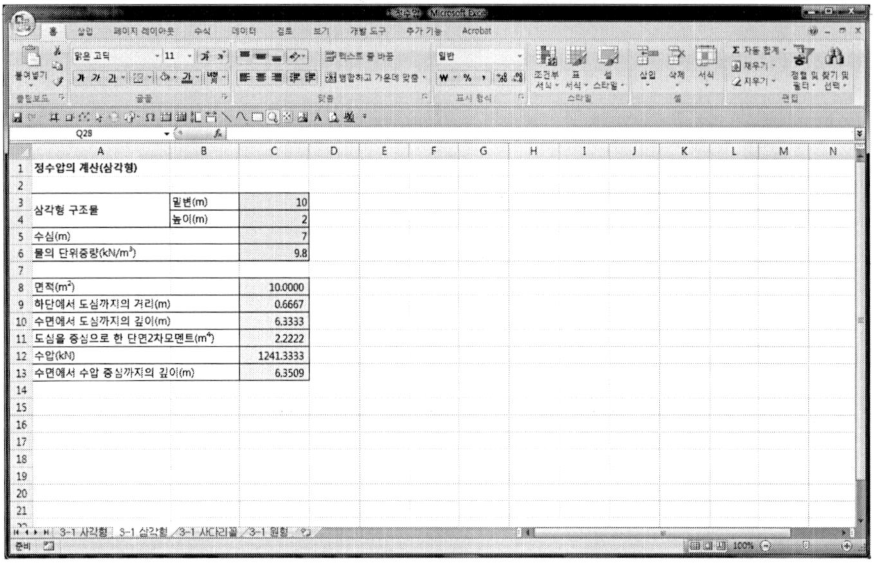

	A	B	C
1	정수압의 계산(삼각형)		
2			
3	삼각형 구조물	밑변(m)	10
4		높이(m)	2
5	수심(m)		7
6	물의 단위중량(kN/m³)		9.8
7			
8	면적(m²)		10.0000
9	하단에서 도심까지의 거리(m)		0.6667
10	수면에서 도심까지의 깊이(m)		6.3333
11	도심을 중심으로 한 단면2차모멘트(m⁴)		2.2222
12	수압(kN)		1241.3333
13	수면에서 수압 중심까지의 깊이(m)		6.3509

셀 입력데이터

C8(_면적) = _저변 * _높이 / 2
C9(_도심거리) = _높이 / 3
C10(_도심깊이) = _수심 - _도심거리
C11(_단면2차모멘트) = _저변 * _높이 ^ 3 / 36
C12(_수압) = _도심깊이 * _면적 * _단위중량
C13(수압중심) = _도심깊이 + _단면2차모멘트 / (_도심깊이 * _면적)

사다리꼴

워크시트 (셀의 이름)

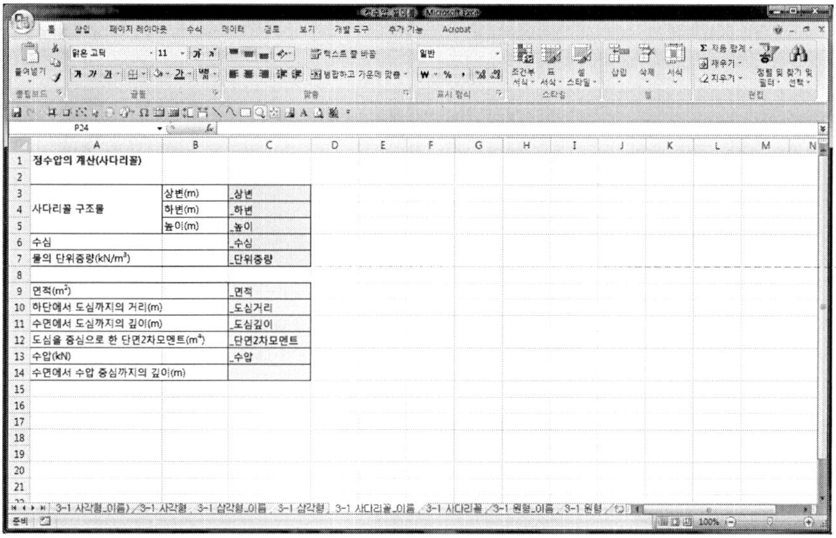

	A	B	C
1	정수압의 계산(사다리꼴)		
2			
3	사다리꼴 구조물	상변(m)	_상변
4		하변(m)	_하변
5		높이(m)	_높이
6	수심		_수심
7	물의 단위중량(kN/m³)		_단위중량
8			
9	면적(m²)		_면적
10	하단에서 도심까지의 거리(m)		_도심거리
11	수면에서 도심까지의 깊이(m)		_도심깊이
12	도심을 중심으로 한 단면2차모멘트(m⁴)		_단면2차모멘트
13	수압(kN)		_수압
14	수면에서 수압 중심까지의 깊이(m)		

워크시트 (실행결과)

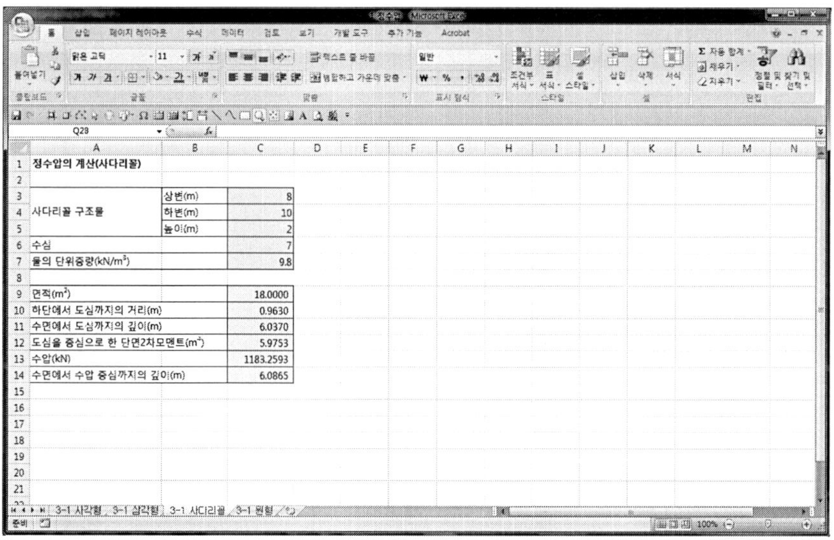

	A	B	C
1	정수압의 계산(사다리꼴)		
2			
3	사다리꼴 구조물	상변(m)	8
4		하변(m)	10
5		높이(m)	2
6	수심		7
7	물의 단위중량(kN/m³)		9.8
8			
9	면적(m²)		18.0000
10	하단에서 도심까지의 거리(m)		0.9630
11	수면에서 도심까지의 깊이(m)		6.0370
12	도심을 중심으로 한 단면2차모멘트(m⁴)		5.9753
13	수압(kN)		1183.2593
14	수면에서 수압 중심까지의 깊이(m)		6.0865

셀 입력데이터

C9(_면적) =(_상변 + _하변) * _높이 / 2
C10(_도심거리) =_높이 / 3 * (2 * _상변 + _하변) / (_상변 + _하변)
C11(_도심깊이) =_수심 - _도심거리
C12(_단면2차모멘트) =_높이 ^ 3 / 36 * (_상변 ^ 2 + 4 * _상변 * _하변 + _하변 ^2) / (_상변 + _하변)
C13(_수압) =_도심깊이 * _면적 * _단위중량
C14(수압중심) =_도심깊이 + _단면2차모멘트 /(_도심깊이 * _면적)

원 형

워크시트 (셀의 이름)

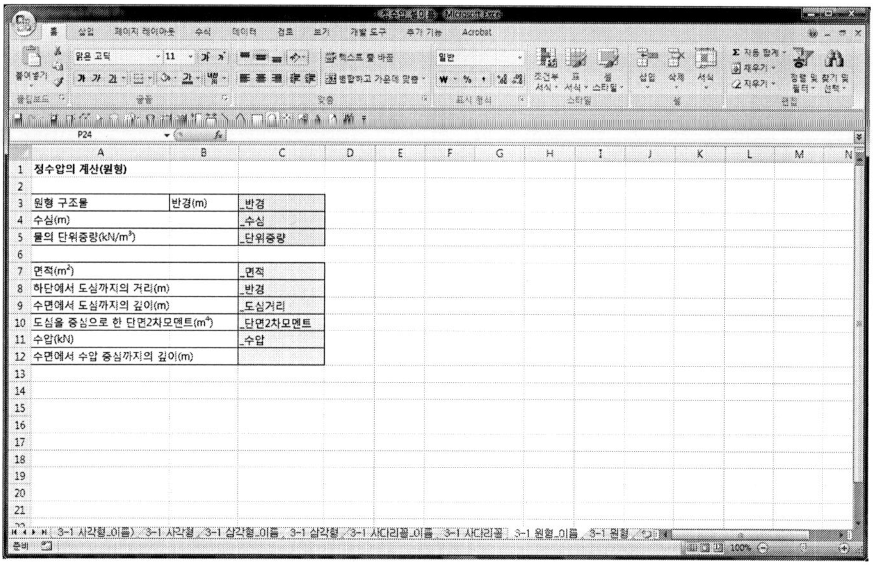

워크시트 (실행결과)

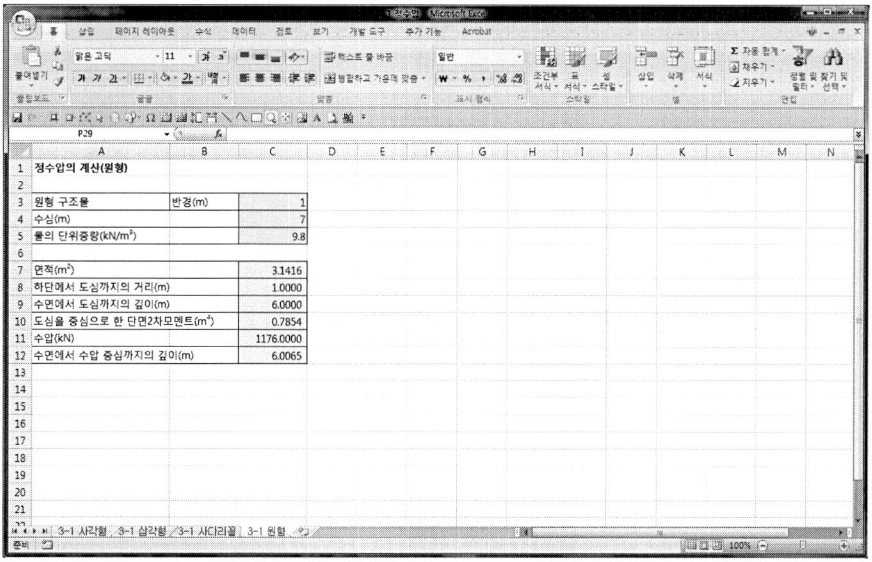

	A	B	C
1	**정수압의 계산(원형)**		
2			
3	원형 구조물	반경(m)	1
4	수심(m)		7
5	물의 단위중량(kN/m³)		9.8
6			
7	면적(m²)		3.1416
8	하단에서 도심까지의 거리(m)		1.0000
9	수면에서 도심까지의 깊이(m)		6.0000
10	도심을 중심으로 한 단면2차모멘트(m⁴)		0.7854
11	수압(kN)		1176.0000
12	수면에서 수압 중심까지의 깊이(m)		6.0065

셀 입력데이터

C7(_면적) =PI() * _반경 ^ 2
C8(_도심거리) =_반경
C9(_도심깊이) =_수심 - _도심거리
C10(_단면2차모멘트) =PI() * _반경 ^ 4 / 4
C11(_수압) =_도심깊이 * _면적 * _단위중량
C12(수압중심) =_도심깊이 + _단면2차모멘트 /(_도심깊이 * _면적)

3.2 위어의 월류 유량

3.2.1 직각삼각위어(칼날모양)

직각삼각위어(weir)의 월류 유량은 다음 식의 누마치(沼地) · 쿠로가와(黒川) · 후치자와(淵沢) 공식으로 산출할 수 있다.

$$Q = Kh^{\frac{5}{2}}$$

$$K = 81.2 + \frac{0.24}{h} + \left(8.4 + \frac{12}{\sqrt{D}}\right)\left(\frac{h}{B} - 0.09\right)^2$$

여기서, Q : 월류 유량(m^3/min)

K : 유량계수

h : 위어의 수두(m)

D : 수로 밑면에서 위어의 절단 하부점까지의 높이(m)

B : 수로의 폭(m)

적용범위

$0.5\text{m} \le B \le 1.2\text{m}$

$0.1\text{m} \le D \le 0.75\text{m}$

$0.07\text{m} \le h \le 0.26\text{m}$

단, $h \le B/3$, 절단각도 90°

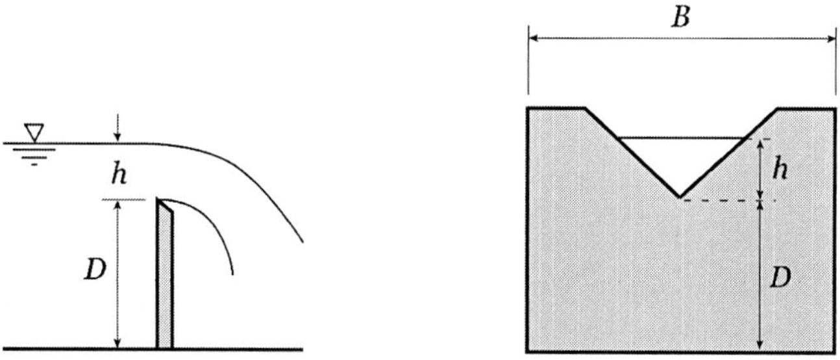

그림 3.2 직각삼각위어

Excel 예제 3.2 직각삼각위어의 월류 유량

누마치(沼地) · 쿠로가와(黒川) · 후치자와(淵沢)의 공식에 의하여 직각삼각위어의 월류 유량을 계산한다.

VBA (셀의 이름)

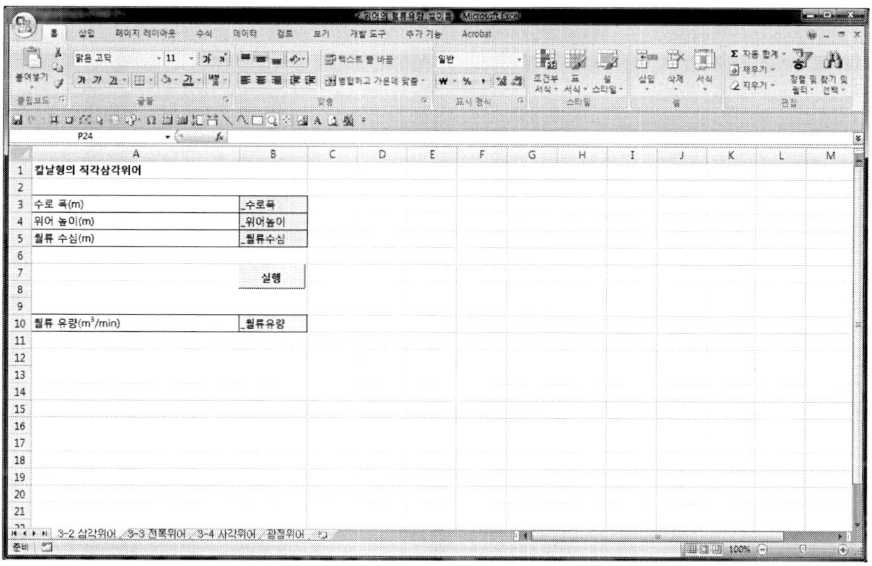

VBA (실행결과 예)

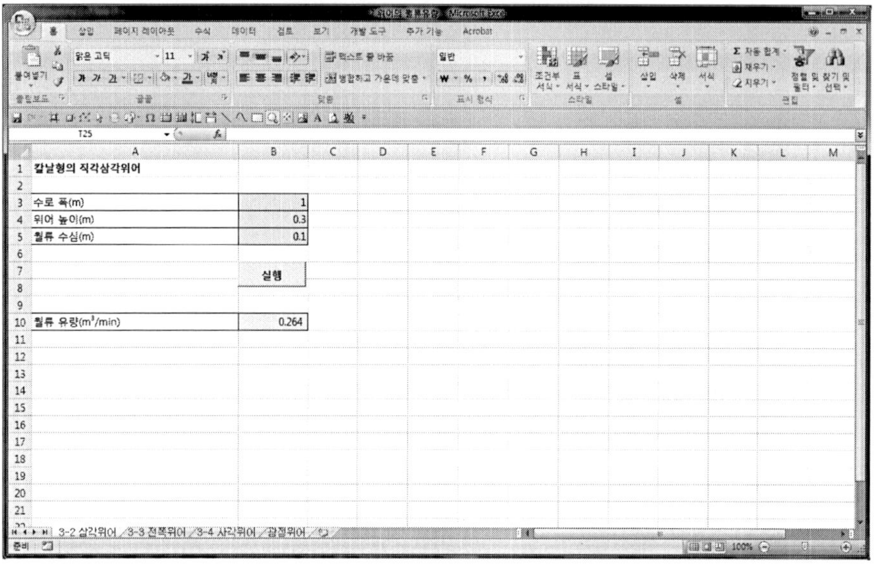

VBA 프로그램 소스

```
Option Explicit

Sub CMD실행_Click( )

    Dim 수로폭 As Double
    Dim 위어높이 As Double
    Dim 월류수심 As Double
    Dim 월류유량 As Double

    '입력
    수로폭 = Range("_수로폭")
    위어높이 = Range("_위어높이")
    월류수심 = Range("_월류수심")

    '출력
    If 계산_칼날형삼각위어(수로폭, 위어높이, 월류수심, 월류유량) Then
        Range("_월류유량") = 월류유량
    Else
```

```
        Range("_월류유량") = "적용범위 외"
    End If

End Sub

Function 계산_칼날형삼각위어(수로폭 As Double, _
                            위어높이 As Double, _
                            월류수심 As Double, _
                            ByRef 월류유량 As Double) As Boolean

    Dim 유량계수 As Double
    Dim 보정치 As Double

    '적용범위 체크
    If 수로폭 < 0.5 Or 1.2 < 수로폭 Or _
            위어높이 < 0.1 Or 0.75 < 위어높이 Or _
            월류수심 < 0.07 Or 0.26 < 월류수심 Or _
            월류수심 > 수로폭 / 3 Then
        계산_칼날형삼각위어 = False
        Exit Function
    End If

    유량계수 = 81.2 + 0.24 / 월류수심 + _
               (8.4 + 12 / Sqr(위어높이)) * (월류수심 / 수로폭 - 0.09) ^ 2
    월류유량 = 유량계수 * 월류수심 ^ (5 / 2)

    계산_칼날형삼각위어 = True

End Function
```

3.2.2 전폭위어(칼날모양)

칼날모양을 가진 전폭위어의 월류 유량은 아래의 이타야(板谷) · 데시마(手島) 공식으로 산출할 수 있다.

$$Q = C \cdot B \cdot h^{\frac{3}{2}}$$

$$C = 107.1 + \left(\frac{0.177}{h} + 14.2\frac{h}{D}\right)(1+\varepsilon)$$

여기서, Q : 월류 유량(m^3/min)

C : 유량계수

B : 수로의 폭(m)

h : 위어의 수두(m)

D : 월류수심(수로의 밑면에서 위어 끝까지의 높이)(m)

ε : 보정항

$D \leq 1$m일 때 ε=0

$D > 1$m일 때 ε=0.55×(D−1)

적용범위

$B \geq 0.5\text{m}$

$0.3\text{m} \leq D \leq 2.5\text{m}$

$0.03\text{m} \leq h \leq 0.8\text{m}$ 또는 $h \leq B/4$

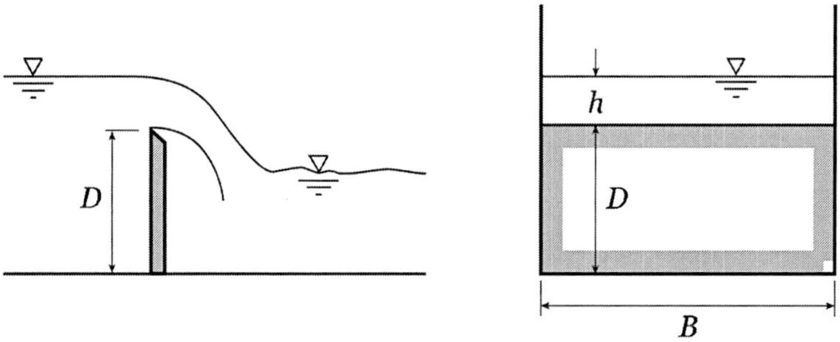

그림 3.3 전폭위어

Excel 예제 3.3	전폭위어의 월류 유량
이타야(板谷) · 데시마(手島) 공식에 의하여 전폭위어의 월류 유량을 계산한다.	

VBA (셀의 이름)

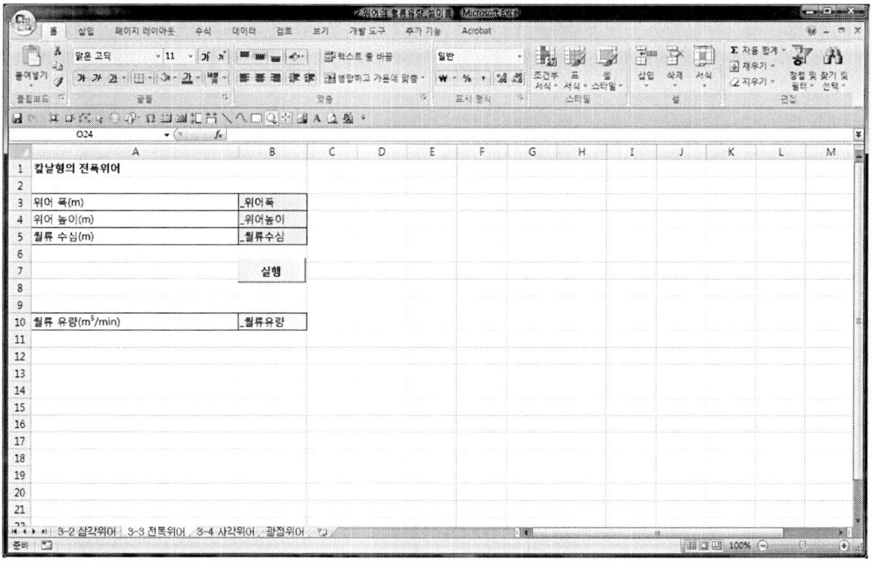

VBA (실행결과 예)

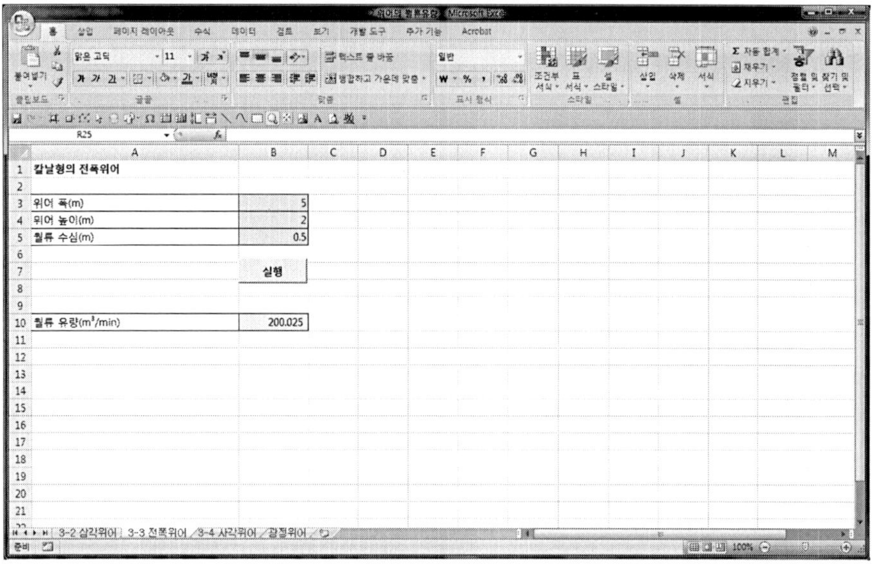

VBA 프로그램 소스

```
Option Explicit

Sub CMD실행_Click( )

    Dim 위어폭 As Double
    Dim 위어높이 As Double
    Dim 월류수심 As Double
    Dim 월류유량 As Double

    '입력
    위어폭 = Range("_위어폭")
    위어높이 = Range("_위어높이")
    월류수심 = Range("_월류수심")

    '출력
    If 계산_칼날형전폭위어(위어폭, 위어높이, 월류수심, 월류유량) Then
        Range("_월류유량") = 월류유량
    Else
```

```
        Range("_월류유량") = "적용범위 외"
    End If

End Sub

Function 계산_칼날형전폭위어(위어폭 As Double, _
                          위어높이 As Double, _
                          월류수심 As Double, _
                          ByRef 월류유량 As Double) As Boolean

    Dim 유량계수 As Double
    Dim 보정치 As Double

    '적용범위 체크
    If 위어폭 < 0.5 Or _
            위어높이 < 0.3 Or 2.5 < 위어높이 Or _
            월류수심 < 0.03 Or 0.8 < 월류수심 Or _
            월류수심 > 위어폭 / 4 Then
        계산_칼날형전폭위어 = False
        Exit Function
    End If

    If (위어높이 > 1) Then 보정치 = 0.55 * (위어높이 - 1) Else 보정치 = 0
    유량계수 = 107.1 + (0.177 / 월류수심 + 14.2 * 월류수심 / 위어높이) * (1 + 보정치)
    월류유량 = 유량계수 * 위어폭 * 월류수심 ^ (3 / 2)
    계산_칼날형전폭위어 = True

End Function
```

3.2.3 사각위어(칼날모양)

칼날모양을 가진 사각위어의 월류 유량은 아래의 공식으로 산출할 수 있다.

$$Q = C \cdot B \cdot h^{\frac{3}{2}}$$

$$C = 107.1 + \frac{0.177}{h} + 14.2\frac{h}{D} - 25.7\sqrt{\frac{(B-b)h}{B \cdot D}} + 2.04\sqrt{\frac{B}{D}}$$

여기서, Q : 월류 유량(m^3/min)

C : 유량계수

B : 수로의 폭(m)

h : 위어의 수두(m)

D : 월류수심(수로의 밑면에서 절단 하부 모서리까지의 높이)(m)

b : 절단부분의 폭(m)

적용범위

$0.5\text{m} \le B \ge 6.3\text{m}$

$0.15\text{m} \le b \le 5.0\text{m}$

$0.15\text{m} \le D \le 3.5\text{m}$

$B \cdot D / B^2 \ge 0.06$

$0.03\text{m} \le h \le 0.45\sqrt{b}\ \text{m}$

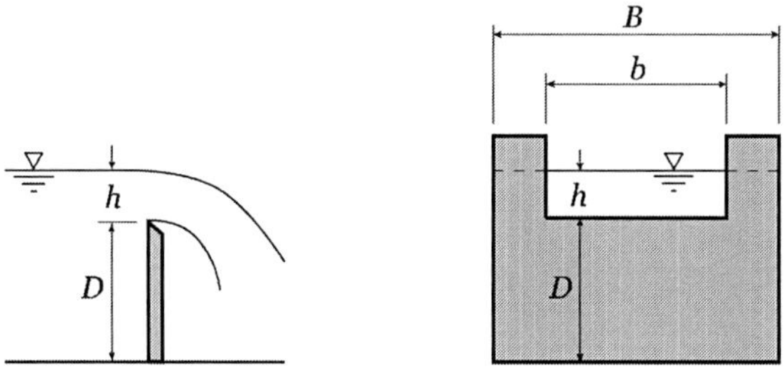

그림 3.4 사각위어

Excel 예제 3.4	사각위어의 월류 유량
사각위어의 월류 유량을 계산한다.	

VBA (셀의 이름)

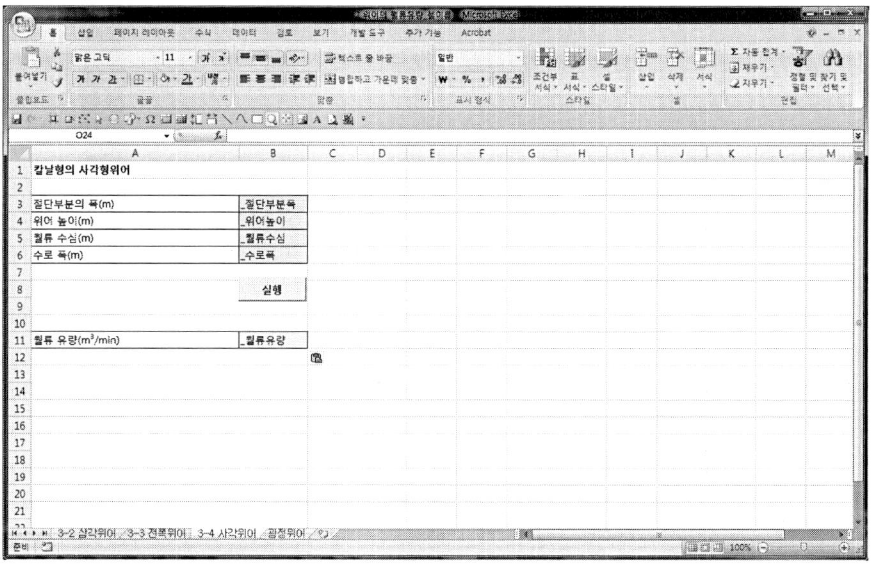

VBA (실행결과 예)

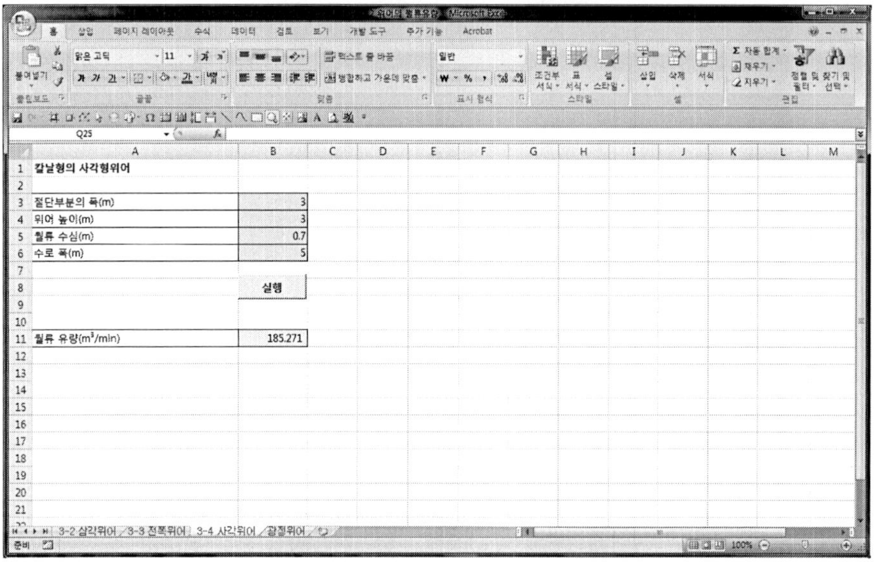

VBA 프로그램 소스

```
Option Explicit

Sub CMD실행_Click( )

    Dim 절단부분폭 As Double
    Dim 위어높이 As Double
    Dim 월류수심 As Double
    Dim 수로폭 As Double
    Dim 월류유량 As Double

    '입력
    절단부분폭 = Range("_절단부분폭")
    위어높이 = Range("_위어높이")
    월류수심 = Range("_월류수심")
    수로폭 = Range("_수로폭")

    '출력
    If 계산_칼날형사각위어(절단부분폭, 위어높이, 월류수심, 수로폭, 월류유량) Then
        Range("_월류유량") = 월류유량
```

```
    Else
        Range("_월류유량") = "적용범위 외"
    End If
End Sub

Function 계산_칼날형사각위어(절단부분폭 As Double, _
                            위어높이 As Double, _
                            월류수심 As Double, _
                            수로폭 As Double, _
                            ByRef 월류유량 As Double) As Boolean

    Dim 유량계수 As Double

    '적용범위 체크
    If 수로폭 < 0.5 Or 6.3 < 수로폭 Or _
            절단부분폭 < 0.15 Or 5# < 절단부분폭 Or _
            위어높이 < 0.15 Or 3.5 < 위어높이 Or _
            절단부분폭 * 위어높이 / 수로폭 ^ 2 < 0.06 Or _
            월류수심 < 0.03 And 0.45 * Sqr(절단부분폭) < 월류수심 Then
        계산_칼날형사각위어 = False
        Exit Function
    End If
    유량계수 = 107.1 + 0.177 / 월류수심 + 14.2 * 월류수심 / 위어높이 - _
              25.7 * Sqr((수로폭 - 절단부분폭) * 월류수심 / (수로폭 * 위어높이)) + _
              2.04 * Sqr(수로폭 / 위어높이)
    월류유량 = 유량계수 * 절단부분폭 * 월류수심 ^ (3 / 2)
    계산_칼날형사각위어 = True

End Function
```

3.3 개수로

3.3.1 매닝의 식에 의한 사각형 수로의 계산

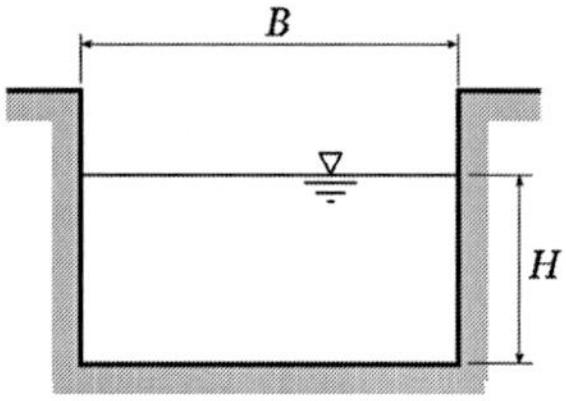

그림 3.5 사각형 수로

매닝의 공식(Manning's formula)에서는 유속 V, 유량 Q를 다음 식으로 나타낸다.

$$V = \frac{1}{n} R^{\frac{2}{3}} S^{\frac{1}{2}}$$

$$R = \frac{A}{P}$$

$$Q = AV$$

여기서, V : 유속(m/s)

n : 조도계수

R : 경심(m)

S : 동수(수면)구배

A : 통수단면적(m^2)

P : 윤변(물이 닿는 변 길이)(m)

Q : 유량(m^3/s)

<그림 3.5>에 표시한 사각형 단면의 경우, $A = BH$이므로 다음 식에 의해 유량을 산출할 수 있다.

$$Q = \frac{1}{n} BHR^{\frac{2}{3}} S^{\frac{1}{2}}$$

$$R = \frac{BH}{B + 2H}$$

Excel 예제 3.5 사각형 수로의 수심계산

매닝공식을 사용하여 주어진 유량에 대한 수심을 계산한다.

경심 R = 수심 H로 하면, 매닝공식에 의하여 H는 다음 식으로 나타낼 수 있다.

$$Q = \frac{1}{n} BH^{\frac{5}{3}} S^{\frac{1}{2}}$$

$$H = \left(\frac{Qn}{BS^{\frac{1}{2}}} \right)^{\frac{3}{5}}$$

이 H를 초기 값으로 하여 수렴판정이 될 때까지 H를 수렴시켜 수심을 구한다.

VBA (셀의 이름)

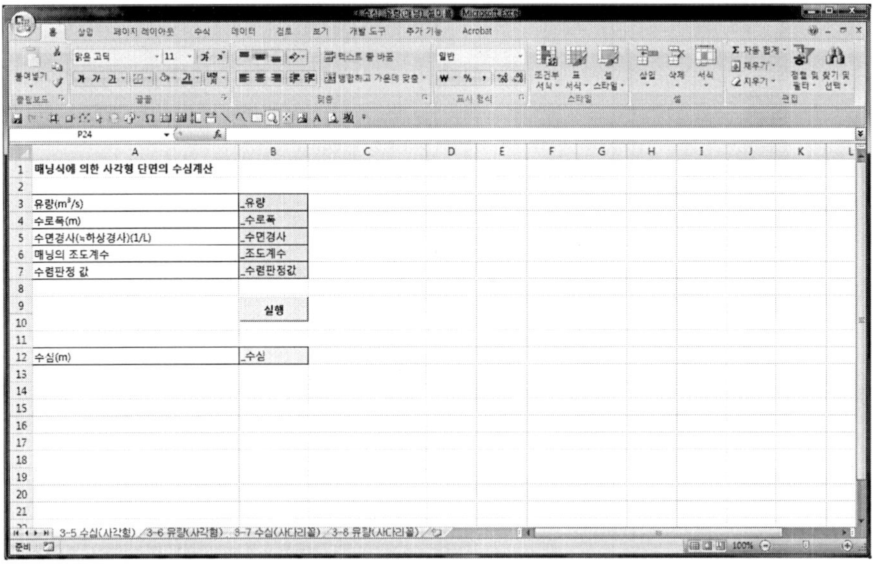

VBA (실행결과 예)

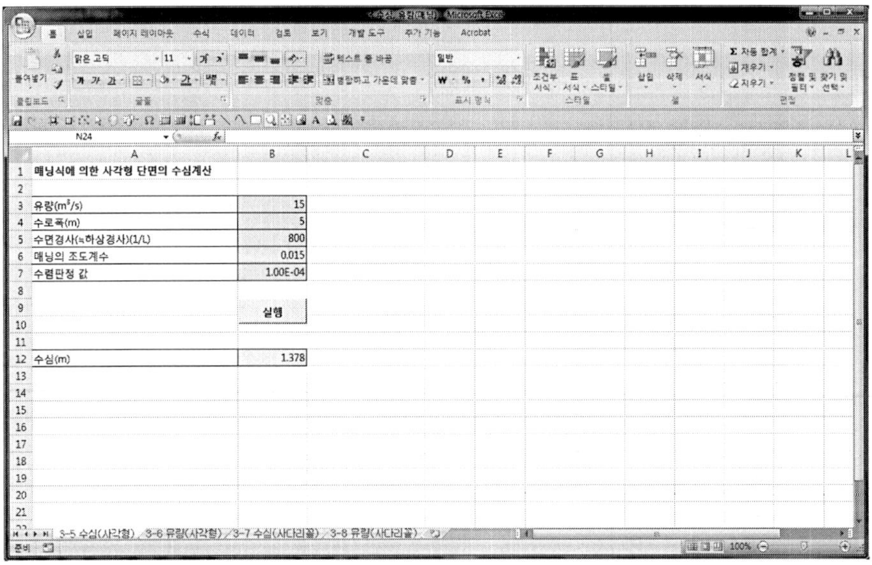

VBA 프로그램 소스

```
Option Explicit

Sub CMD실행_Click( )

    Dim 유량 As Double
    Dim 수로폭 As Double
    Dim 수면경사 As Double
    Dim 조도계수 As Double
    Dim 수렴판정값 As Double
    Dim 수심 As Double

    '입력
    유량 = Range("_유량")
    수로폭 = Range("_수로폭")
    수면경사 = 1# / Range("_수면경사")
    조도계수 = Range("_조도계수")
    수렴판정값 = Range("_수렴판정값")

    Call 계산_매닝식에의한사각형단면의수심계산(유량, 수로폭, 수면경사, 조도계수, 수렴
            판정값, 수심)

    '출력
    Range("_수심") = Round(수심, 3)

End Sub

Sub 계산_매닝식에의한사각형단면의수심계산(유량 As Double, _
                                        수로폭 As Double, _
                                        수면경사 As Double, _
                                        조도계수 As Double, _
                                        수렴판정값 As Double, _
                                        ByRef 수심 As Double)

    Dim 윤변 As Double
    Dim 유수단면적 As Double
    Dim 경심 As Double
    Dim 오차 As Double
    Dim 계산수심 As Double

    수심 = (유량 * 조도계수 / (Sqr(수면경사) * 수로폭)) ^ (3 / 5)
    Do
        유수단면적 = 수심 * 수로폭
        윤변 = 수로폭 + 수심 * 2
```

```
        경심 = 유수단면적 / 윤변
        계산수심 = 유량 * 조도계수 / (경심 ^ (2 / 3) * Sqr(수면경사) * 수로폭)
        오차 = Abs(계산수심 - 수심)
        수심 = 계산수심
    Loop While 오차 > 수렴판정값

End Sub
```

Excel 예제 3.6 사각형 수로의 유량계산

매닝공식을 사용하여 주어진 수심의 최대유량을 계산한다.

VBA (셀의 이름)

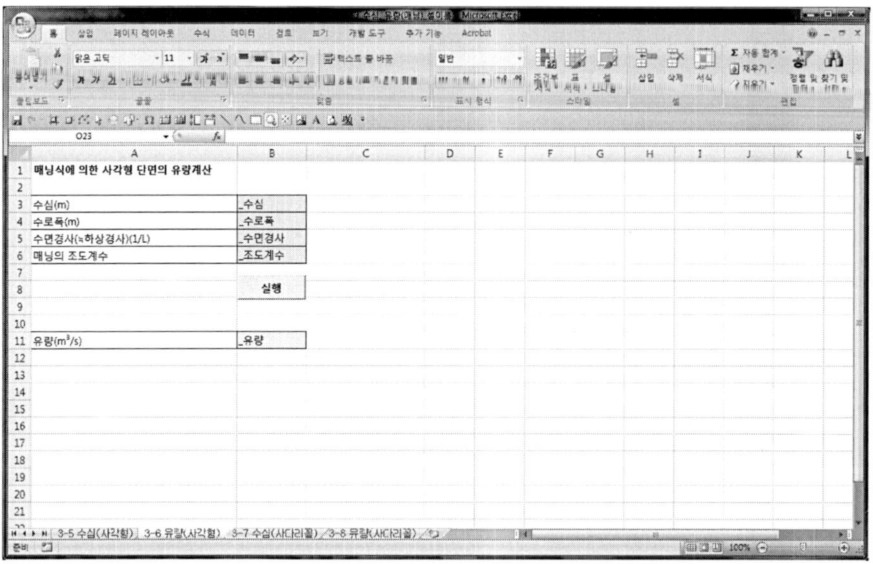

VBA (실행결과 예)

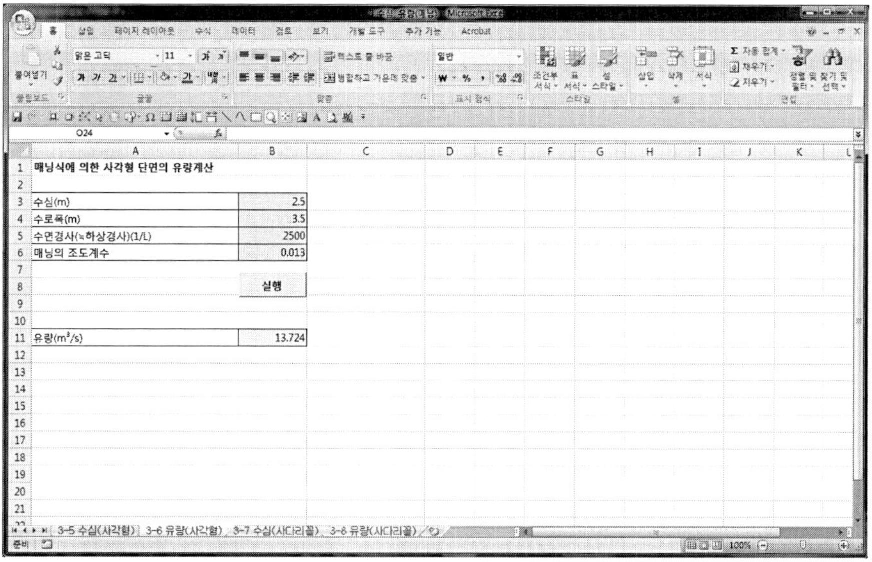

VBA 프로그램 소스

```
Option Explicit

Sub CMD실행_Click( )

    Dim 수심 As Double
    Dim 수로폭 As Double
    Dim 수면경사 As Double
    Dim 조도계수 As Double
    Dim 유량 As Double

    '입력
    수심 = Range("_수심")
    수로폭 = Range("_수로폭")
    수면경사 = 1# / Range("_수면경사")
    조도계수 = Range("_조도계수")

    Call 계산_매닝식에의한사각형단면의유량계산(수심, 수로폭, 수면경사, 조도계수, 유량)
```

```
    '출력
    Range("_유량") = Round(유량, 3)

End Sub

Sub 계산_매닝식에의한사각형단면의유량계산(수심 As Double, _
                                          수로폭 As Double, _
                                          수면경사 As Double, _
                                          조도계수 As Double, _
                                          ByRef 유량 As Double)

    Dim 윤변 As Double
    Dim 유수단면적 As Double
    Dim 경심 As Double
    Dim 오차 As Double
    Dim 계산수심 As Double

    유수단면적 = 수심 * 수로폭
    윤변 = 수로폭 + 수심 * 2
    경심 = 유수단면적 / 윤변
    유량 = 유수단면적 * 경심 ^ (2 / 3) * Sqr(수면경사) / 조도계수

End Sub
```

3.3.2 매닝공식에 의한 사다리꼴 수로의 계산

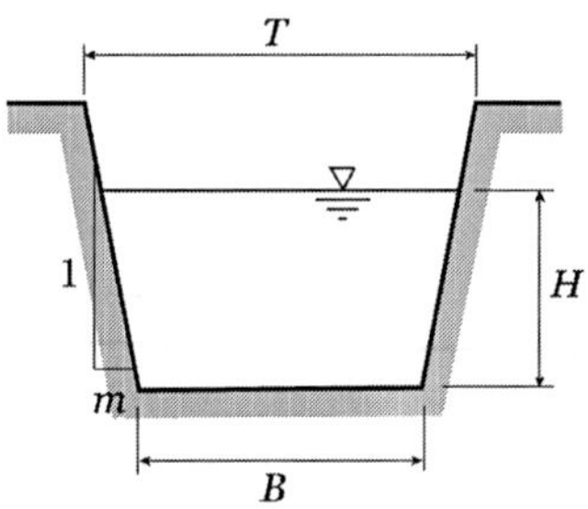

그림 3.6 사다리꼴 수로

사다리꼴 수로의 경우에 유수단면적 A 및 경심 R은 각각 아래의 식으로 구한다.

$$A = \frac{(T+B)H}{2}$$

$$R = \frac{A}{B + 2\sqrt{H^2 + \left(\frac{T-B}{2}\right)}}$$

$$T = B + 2(H \cdot m)$$

Excel 예제 3.7	사다리꼴 수로의 수심계산
매닝공식을 사용하여 유량으로 수심을 계산한다.	

VBA (셀의 이름)

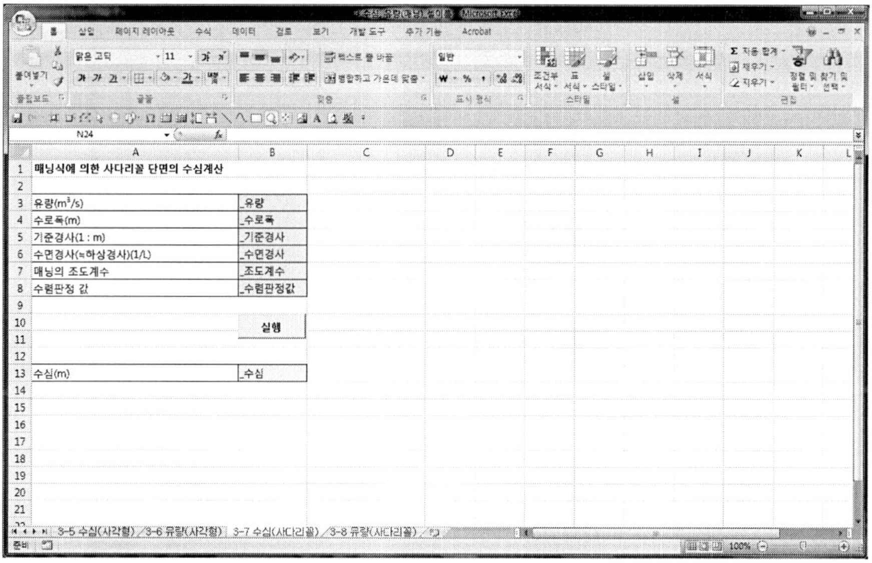

VBA (실행결과 예)

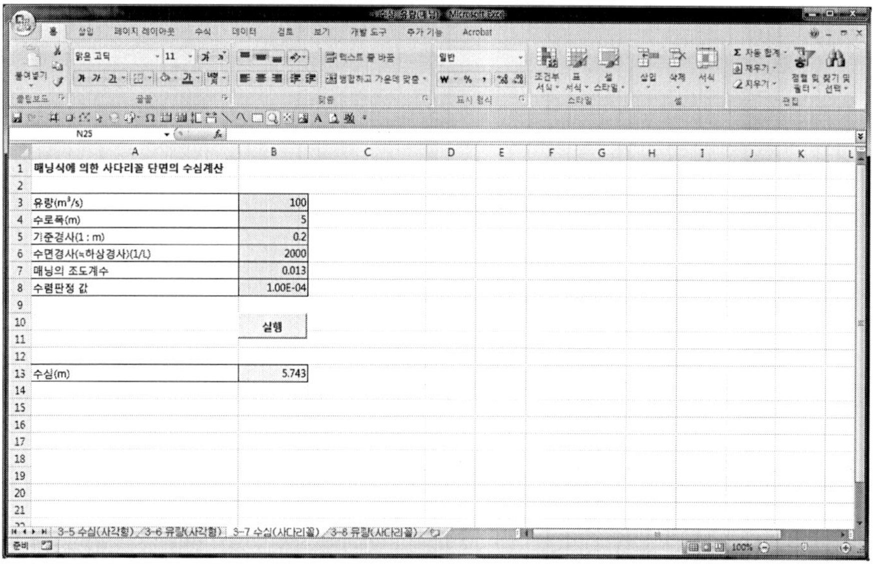

VBA 프로그램 소스

```
Option Explicit

Sub CMD실행_Click( )

    Dim 유량 As Double
    Dim 수로폭 As Double
    Dim 기준경사 As Double
    Dim 수면경사 As Double
    Dim 조도계수 As Double
    Dim 수렴판정값 As Double
    Dim 수심 As Double

    '입력
    유량 = Range("_유량")
    수로폭 = Range("_수로폭")
    기준경사 = Range("_기준경사")
    수면경사 = 1# / Range("_수면경사")
    조도계수 = Range("_조도계수")
    수렴판정값 = Range("_수렴판정값")
```

```
        Call 계산_매닝식에의한사다리꼴단면의수심계산(유량, 수로폭, 기준경사, 수면경사, 조
도계수, 수렴판정값, 수심)

        '출력
        Range("_수심") = Round(수심, 3)

    End Sub

    Sub 계산_매닝식에의한사다리꼴단면의수심계산(유량 As Double, _
                                               수로폭 As Double, _
                                               기준경사 As Double, _
                                               수면경사 As Double, _
                                               조도계수 As Double, _
                                               수렴판정값 As Double, _
                                               ByRef 수심 As Double)

        Dim 윤변 As Double
        Dim 유수단면적 As Double
        Dim 경심 As Double
        Dim 오차 As Double
        Dim 계산수심 As Double
        Dim 상부수로폭 As Double

        수심 = (유량 * 조도계수 / (Sqr(수면경사) * 수로폭)) ^ (3 / 5)
        Do
            상부수로폭 = 수로폭 + 2 * (수심 * 기준경사)
            유수단면적 = 수심 * (수로폭 + 상부수로폭) / 2
            윤변 = 수로폭 + Sqr(수심 ^ 2 + ((상부수로폭 - 수로폭) / 2) ^ 2) * 2
            경심 = 유수단면적 / 윤변
            유수단면적 = 유량 * 조도계수 / (경심 ^ (2 / 3) * Sqr(수면경사))
            계산수심 = 유수단면적 * 2 / (상부수로폭 + 수로폭)
            오차 = Abs(계산수심 - 수심)
            수심 = 계산수심
        Loop While 오차 > 수렴판정값

    End Sub
```

Excel 예제 3.8 사다리꼴 수로의 유량계산

매닝공식을 사용하여 수심으로 유량을 계산한다.

VBA (셀의 이름)

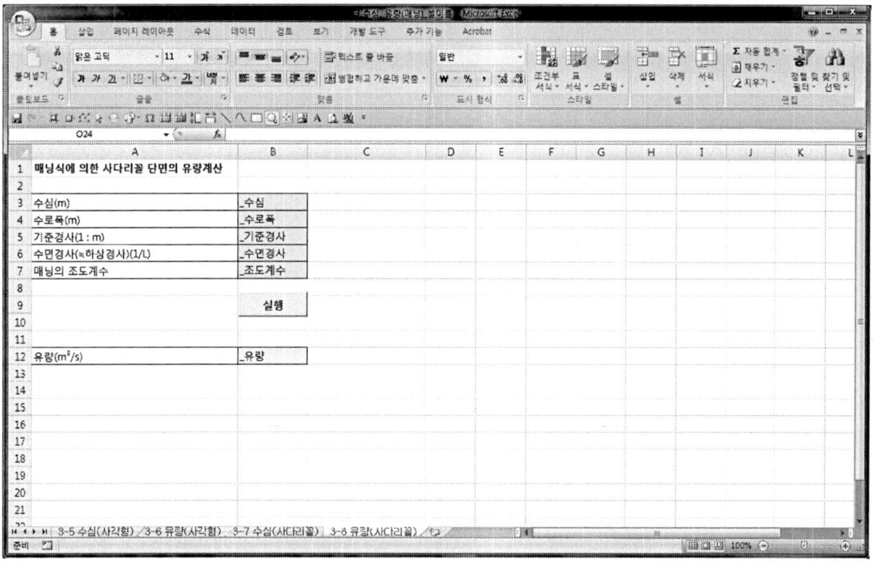

VBA (실행결과 예)

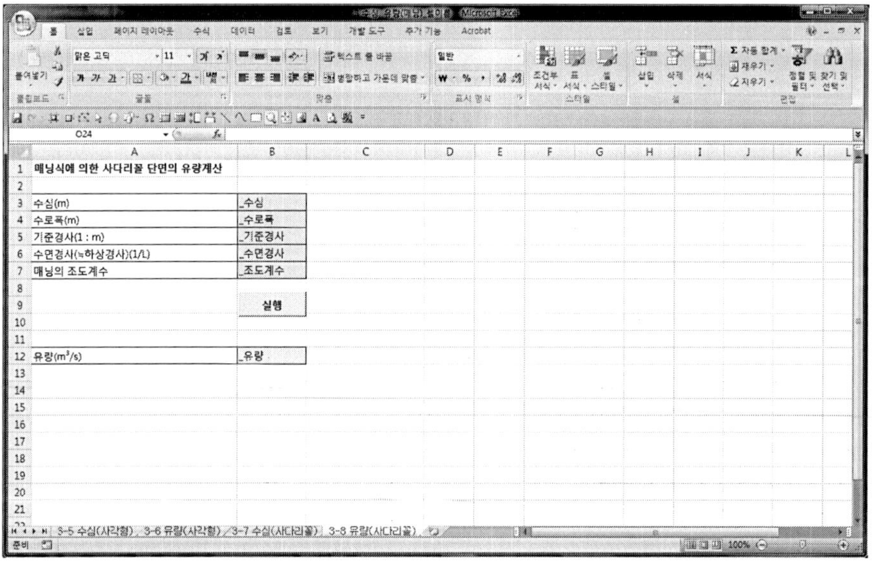

VBA 프로그램 소스

```
Option Explicit

Sub CMD실행_Click( )

    Dim 수심 As Double
    Dim 수로폭 As Double
    Dim 기준경사 As Double
    Dim 수면경사 As Double
    Dim 조도계수 As Double
    Dim 유량 As Double

    '입력
    수심 = Range("_수심")
    수로폭 = Range("_수로폭")
    기준경사 = Range("_기준경사")
    수면경사 = 1# / Range("_수면경사")
    조도계수 = Range("_조도계수")

    Call 계산_매닝식에의한사다리꼴단면의유량계산(수심, 수로폭, 기준경사, 수면경사, 조
            도계수, 유량)

    '출력
    Range("_유량") = Round(유량, 3)

End Sub

Sub 계산_매닝식에의한사다리꼴단면의유량계산(수심 As Double, _
                                          수로폭 As Double, _
                                          기준경사 As Double, _
                                          수면경사 As Double, _
                                          조도계수 As Double, _
                                          ByRef 유량 As Double)

    Dim 윤변 As Double
    Dim 유수단면적 As Double
    Dim 경심 As Double
    Dim 오차 As Double
    Dim 계산수심 As Double
    Dim 상부수로폭 As Double
    상부수로폭 = 수로폭 + 2 * (수심 * 기준경사)
    유수단면적 = 수심 * (수로폭 + 상부수로폭) / 2
    윤변 = 수로폭 + Sqr(수심 ^ 2 + ((상부수로폭 - 수로폭) / 2) ^ 2) * 2
    경심 = 유수단면적 / 윤변
    유량 = 유수단면적 * 경심 ^ (2 / 3) * Sqr(수면경사) / 조도계수

End Sub
```

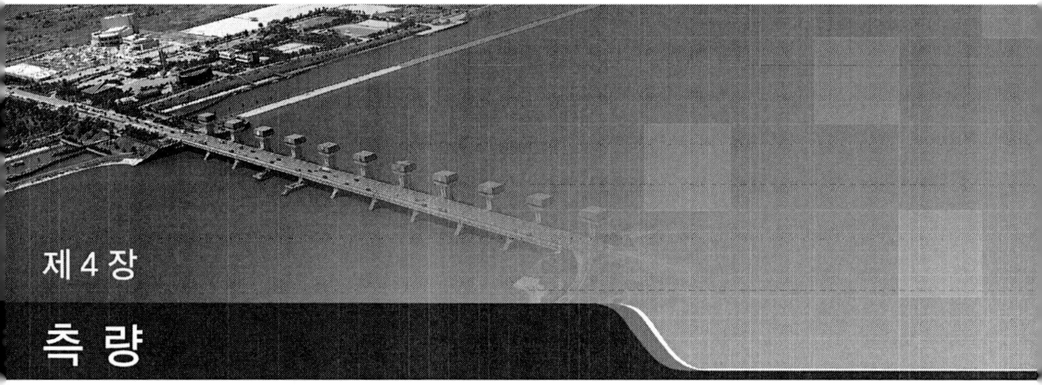

제 4 장

측 량

4.1 면적의 계산

4.1.1 위거와 경거

측량에서는 <그림 4.1>에 표시한 것과 같이 어느 노선에 대한 남북방향의 거리(L_1, L_2)를 위거(latitude), 동서방향의 거리(D_1, D_2)를 경거(departure)라 한다. 또한 측량의 직교좌표축은 SN축이 종축, WE축이 횡축이 된다.

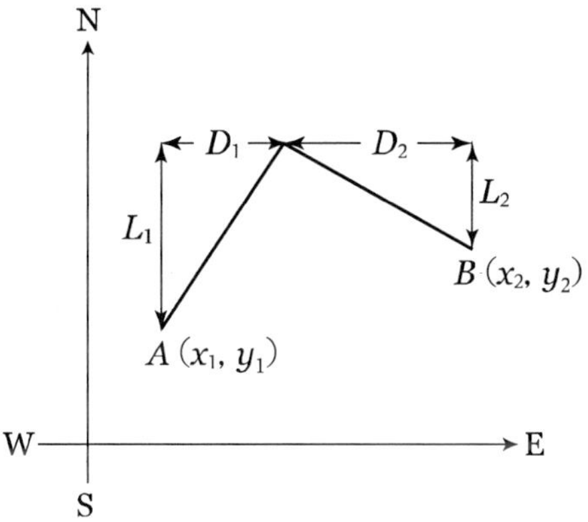

그림 4.1 위거와 경거

4.1.2 합위거와 합경거

위거, 경거는 각각의 측선 시점을 원점으로 한 값이지만, <그림 4.2>에 표시한 것과 같이 측점 A, B, …, N의 좌표를 (x_1, y_1), (x_2, y_2), …, (x_n, y_n)으로 하여 다음 식의 관계를 갖게 하였을 때, x_1, x_2, …, x_n을 각각 측선의 합위거(total latitude), y_1, y_2, …, y_n을 각각의 합경거(total departure)로 한다.

$$
\begin{aligned}
&x_2 = x_1 + L_1 \\
&y_2 = y_1 + D_1 \\
&x_3 = x_2 + L_2 = x_1 + L_1 + L_2 \\
&y_3 = y_2 + D_2 = x_1 + D_1 + D_2 \\
&\qquad\qquad \vdots \\
&x_n = x_{n-1} + L_{n-1} = x_1 + L_1 + L_2 + \cdots + L_{n-1} \\
&\qquad\qquad \cdots \\
&y_n = y_{n-1} + D_{n-1} = y_1 + D_1 + D_2 + \cdots + D_{n-1}
\end{aligned}
$$

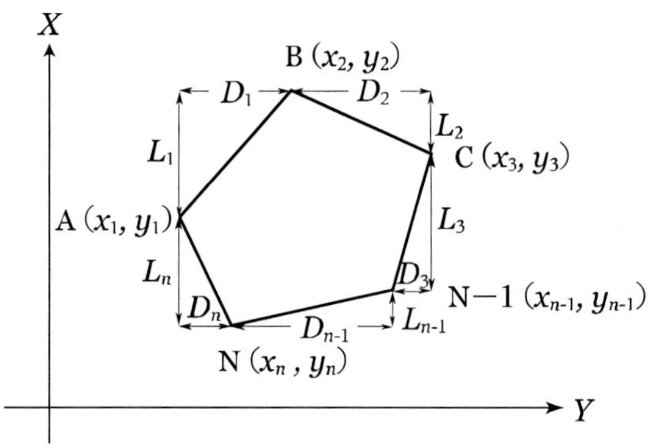

그림 4.2 합위거와 합경거

여기서, 측량의 직각좌표계에서는 X축을 종축(SN축)으로 하고, Y축을 횡축(WE축)으로 표시하는 것에 주의가 필요하다.

Excel 예제 4.1	합위거법에 의한 면적의 계산
합위거, 합경거가 좌표로 주어진 다각형의 면적을 구한다.	

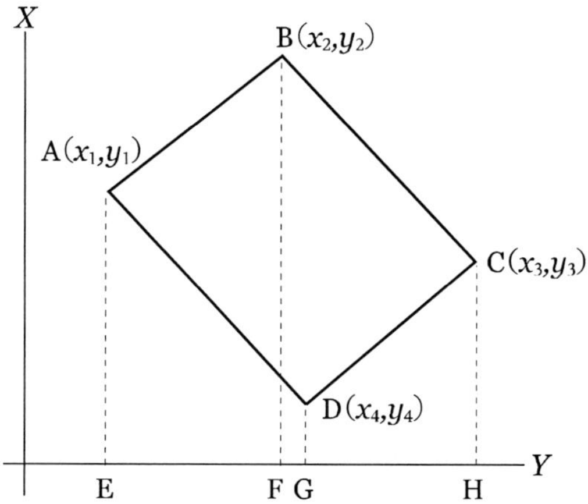

그림 4.3 합위거법에 의한 면적의 계산

<그림 4.3>에 표시한 사각형 ABCD의 면적 S는 다음 식으로 산출할 수 있다.

S = 사다리꼴 ABFE + 사다리꼴 BCHF − 사다리꼴 CHGD − 사다리꼴 DGEA

따라서 사다리꼴 면적의 2배는 (상저 × 하저 × 높이)이므로 다음과 같이 된다.

$$\begin{aligned} 2S = \big| &(x_1 + x_2)(y_1 - y_2) \\ &+ (x_2 + x_3)(y_2 - y_3) \\ &+ (x_3 + x_4)(y_3 - y_4) \\ &+ (x_4 + x_1)(y_4 - y_1) \big| \end{aligned}$$

이것을 면적으로 나타내는 일반적인 식으로 나타내면 다음 식과 같이 된다.

$$S = |\sum_{i=1}^{n}(x_i + x_{i+1})(y_i + y_{i+1})| /2$$

$(y_i - y_{i+1})$의 부호는 전부 더하고 나서 절댓값을 받으므로, 구하는 부분을 포함한 면적이 마이너스(−)의 값이 되어도 상관없다. 상기의 경우, $(y_1 - y_2)$ 및 $(y_2 - y_3)$이 마이너스(−)가 되며 $(y_3 - y_4)$ 및 $(y_{43} - y_1)$이 플러스(+)가 된다.

워크시트 (실행결과)

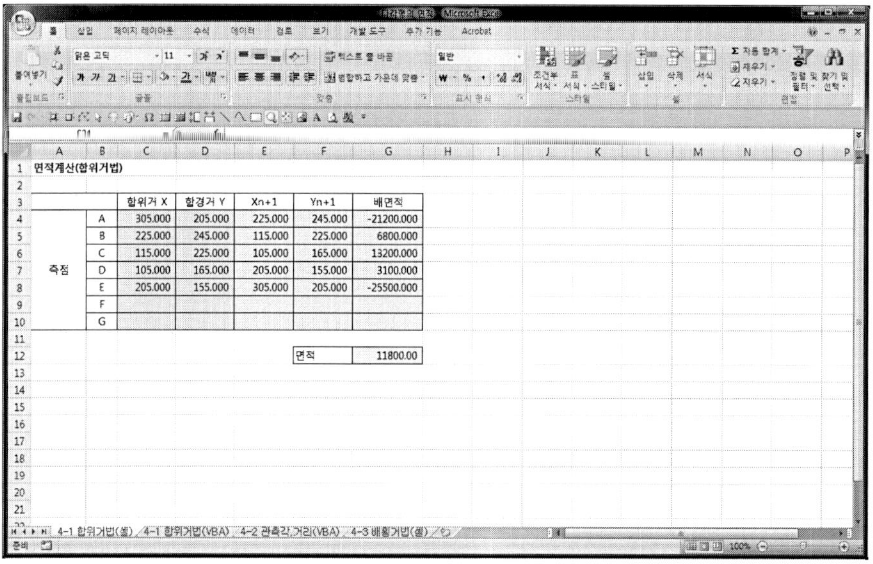

면적계산(합위거법)

		합위거 X	합경거 Y	Xn+1	Yn+1	배면적
측점	A	305.000	205.000	225.000	245.000	-21200.000
	B	225.000	245.000	115.000	225.000	6800.000
	C	115.000	225.000	105.000	165.000	13200.000
	D	105.000	165.000	205.000	155.000	3100.000
	E	205.000	155.000	305.000	205.000	-25500.000
	F					
	G					
					면적	11800.00

VBA (실행결과 예)

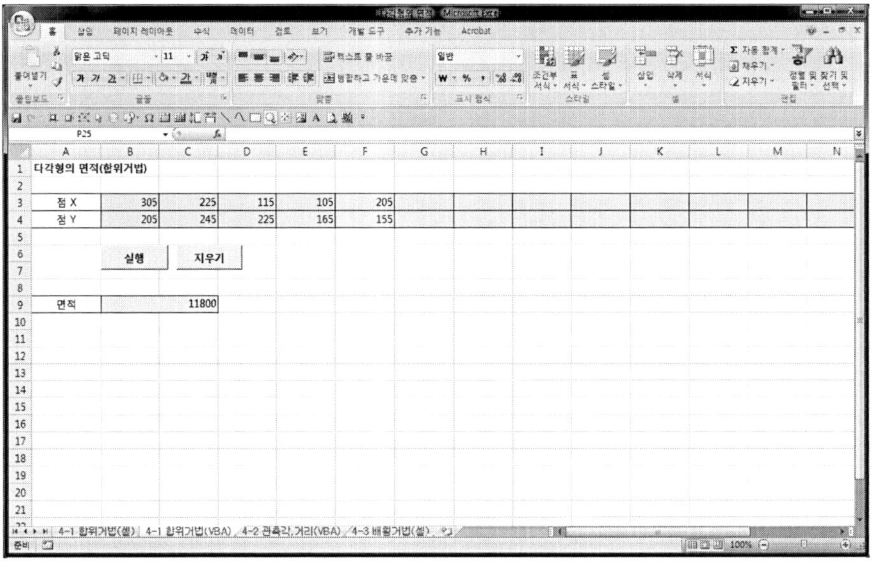

VBA 프로그램 소스

```
Option Explicit

Sub CMD실행_Click( )

    Dim X( ) As Double
    Dim Y( ) As Double
    Dim 면적 As Double
    Dim 좌표수 As Integer
    Dim I As Integer

    '좌표수 Count
    좌표수 = 0
    Do Until IsEmpty(Range("_점_X").Offset(0, 좌표수))
        좌표수 = 좌표수 + 1
    Loop
    ReDim X(1 To 좌표수)
    ReDim Y(1 To 좌표수)
```

```
    '입력
    For I = 1 To 좌표수
        X(I) = Range("_점_X").Offset(0, I - 1)
        Y(I) = Range("_점_Y").Offset(0, I - 1)
    Next

    Call 계산_다각형의면적(X, Y, 면적)

    '출력
    Range("_면적") = Round(면적, 3)

End Sub

Sub 계산_다각형의면적(X( ) As Double, _
                    Y( ) As Double, _
                    ByRef 면적 As Double)

    Dim 좌표수 As Integer
    Dim I As Integer

    좌표수 = UBound(X)
    면적 = (X(좌표수) + X(1)) * (Y(좌표수) - Y(1))
    For I = 1 To 좌표수 - 1
        면적 = 면적 + (X(I) + X(I + 1)) * (Y(I) - Y(I + 1))
    Next I
    면적 = Abs(면적) / 2

End Sub

Private Sub 지우기_Click( )
    Range("B3:Z9") = ""
End Sub
```

Excel 예제 4.2	관측각과 거리로 면적을 계산
n각형의 면적을 각 꼭짓점의 기점에서 거리와 관측각으로 위거, 경거를 산출하는 것으로 계산을 한다.	

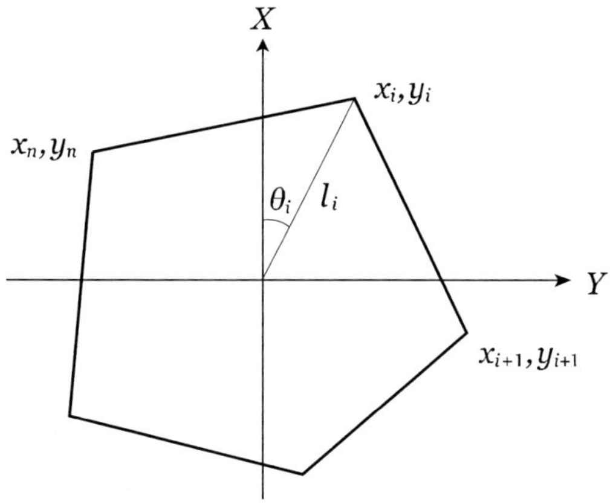

그림 4.4 관측각과 거리에 의한 면적의 계산

<그림 4.4>에 있어서 각 점의 위거, 경거는 다음 식으로 나타낸다.

$$x_i = l_i \cdot \cos\theta_i$$
$$y_i = l_i \cdot \sin\theta_i$$

이때, 면적은 합위거법의 경우와 같이 다음 식으로 계산한다.

$$S = |\sum_{i=1}^{n}(x_i + x_{i+1})(y_i + y_{i+1})| / 2$$

VBA (실행결과 예)

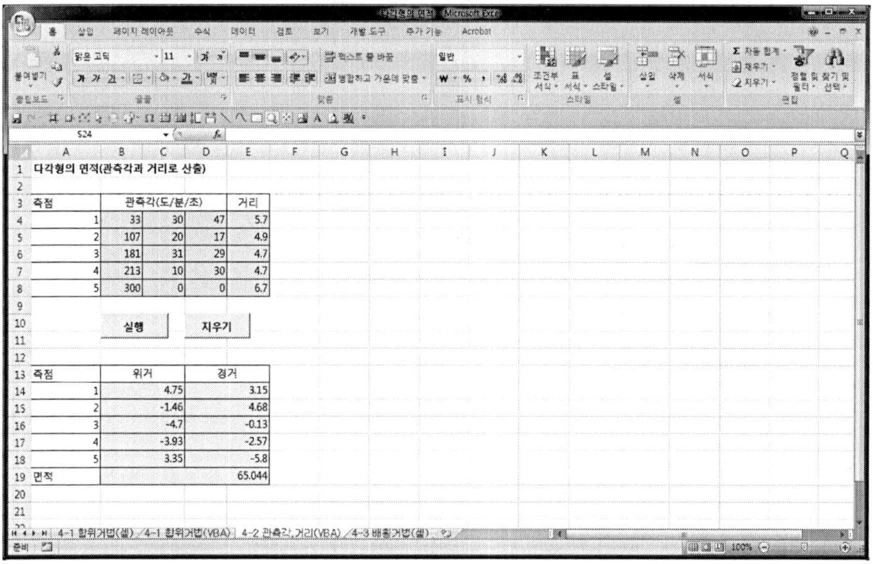

VBA 프로그램 소스

```
Option Explicit

Sub CMD실행_Click( )

    Dim X( ) As Double
    Dim Y( ) As Double
    Dim 면적 As Double
    Dim 좌표수 As Integer
    Dim I As Integer

    '좌표수 Count
    좌표수 = 0
    Do Until IsEmpty(Range("_관측각_도").Offset(좌표수, 0))
        좌표수 = 좌표수 + 1
    Loop
    ReDim X(1 To 좌표수)
    ReDim Y(1 To 좌표수)
```

```
    '입력
    For I = 1 To 좌표수
        Call 계산_위거경거(Range("_관측각_도").Offset(I - 1, 0), _
                           Range("_관측각_분").Offset(I - 1, 0), _
                           Range("_관측각_초").Offset(I - 1, 0), _
                           Range("_거리").Offset(I - 1, 0), X(I), Y(I))
    Next

    Call 계산_다각형의면적(X, Y, 면적)

    '출력
    For I = 1 To 좌표수
        Range("_위거").Offset(I - 1, 0) = X(I)
        Range("_경거").Offset(I - 1, 0) = Y(I)
    Next
    Range("_면적") = Round(면적, 3)

End Sub

Sub 계산_다각형의면적(X( ) As Double, _
                      Y( ) As Double, _
                      ByRef 면적 As Double)

    Dim 좌표수 As Integer
    Dim I As Integer

    좌표수 = UBound(X)

    면적 = (X(좌표수) + X(1)) * (Y(좌표수) - Y(1))
    For I = 1 To 좌표수 - 1
        면적 = 면적 + (X(I) + X(I + 1)) * (Y(I) - Y(I + 1))
    Next I
    면적 = Abs(면적) / 2

End Sub

Sub 계산_위거경거(도 As Double, _
                  분 As Double, _
                  초 As Double, _
                  거리 As Double, _
                  ByRef 위거 As Double, _
                  ByRef 경거 As Double)

    Dim 관측각 As Double
    Const 소숫점이하행수 As Integer = 2
```

```
        관측각 = (도 + 분 / 60# + 초 / 3600#) * 3.14159 / 180
        위거 = Round(거리 * Cos(관측각), 소숫점이하행수)
        경거 = Round(거리 * Sin(관측각), 소숫점이하행수)

    End Sub

    Private Sub 지우기_Click( )
        Range("B4:E8") = ""
        Range("_위거:F19") = ""
    End Sub
```

4.1.3 횡거와 배횡거

<그림 4.5>에 표시한 트래버스에 있어서 각 측선의 중심점에서부터 좌표의 세로축으로 내린 수선(perpendicular, 垂線)의 길이를 횡거(meridian distance)라 한다.

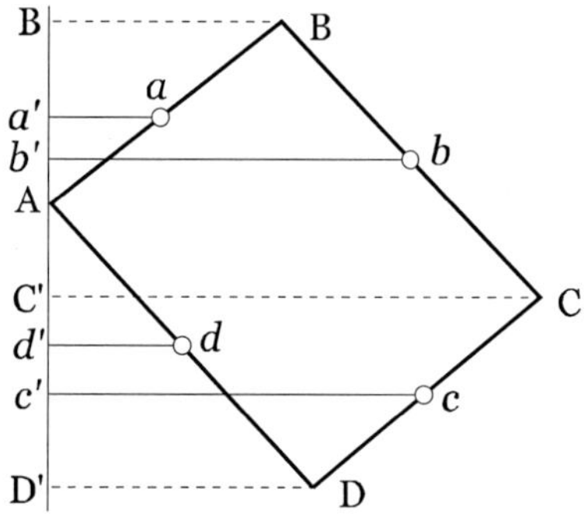

그림 4.5 횡거와 배횡거

각각의 횡거는 다음 식으로 나타낸다.

$aa' = 1/2$ (측선 AB의 경거)

$bb' = aa' + 1/2$(측선 AB의 경거) $+ 1/2$(측선 BC의 경거)

$cc' = bb' + 1/2$(측선 BC의 경거) $+ 1/2$(측선 CD의 경거)

$dd' = cc' + 1/2$(측선 CD의 경거) $+ 1/2$(측선 DA의 경거)

또한, 다음 식과 같이 횡거를 2배한 것을 배횡거(double meridian distance)라 한다.

$2aa' =$ (측선 AB의 경거)

$2bb' = 2aa' +$ (측선 AB의 경거) $+$ (측선 BC의 경거)

$2cc' = 2bb' +$ (측선 BC의 경거) $+$ (측선 CD의 경거)

$2dd' = 2cc' +$ (측선 CD의 경거) $+$ (측선 DA의 경거)

위의 식에서 아래의 관계가 성립되는 것을 알 수 있다.

최초의 측선(AB)의 배횡거 = 그 측선(AB)의 경거

이후의 배횡거 = (전측선의 배횡거) + (전측선의 경거) + (그 측선의 경거)

4.1.4 배횡거법에 의한 면적의 계산

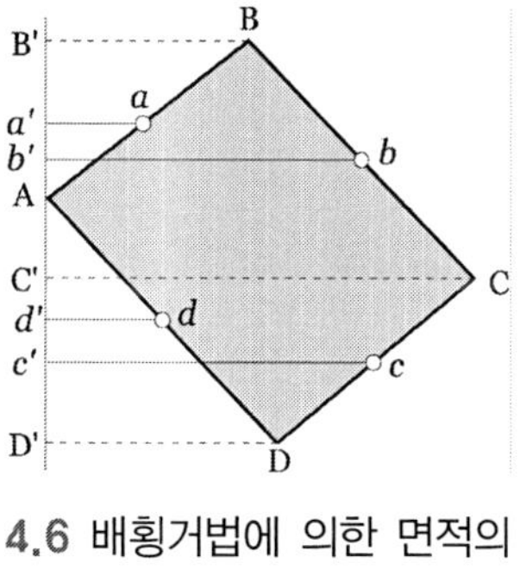

그림 4.6 배횡거법에 의한 면적의 계산

앞에서 표시한 트래버스 ABCD의 면적 *S*는 다음 식으로 산출할 수 있다.

S = 다각형 B'BCDD' − 삼각형 ABB' − 삼각형 ADD'
= 사다리꼴 B'BCC' + 사다리꼴 CDD'C − 삼각형 ABB' − 삼각형 ADD'

S = 1/2(BB' + CC')	×	B'C'
측선 BC의 배횡거		측선 BC의 위거(+)
+ 1/2(CC' + DD')	×	C'D'
측선 CD의 배횡거		측선 CD의 위거(+)
+ 1/2 BB'	×	AB'
측선 AB의 배횡거		측선 AB의 위거(−)
+ 1/2 DD'	×	D'A
측선 DA의 배횡거		측선 DA의 위거(−)

위의 식은 다음 식과 같이 나타낸다.

2*S* = | Σ[(각 측선의 배횡거) × (그 측선의 위거)] |

(각 측선의 배횡거) × (그 측선의 위거)의 총합계에 대한 절댓값의 1/2이 구하는 면적이 된다.

Excel 예제 4.3	배횡거법에 의한 면적의 계산
합위거, 합경거가 좌표로 주어진 다각형의 면적을 구한다.	

2S = | Σ[(각 측선의 배횡거) × (그 측선의 위거)] |

최초의 측선(AB)의 배횡거 = 그 측선(AB)의 경거

이후의 배횡거 = (전측선의 배횡거) + (전측선의 경거) + (그 측선의 경거)

상기의 관계식에 의하여 작성된 표 계산의 계산 예는 아래와 같다.

워크시트 (실행결과)

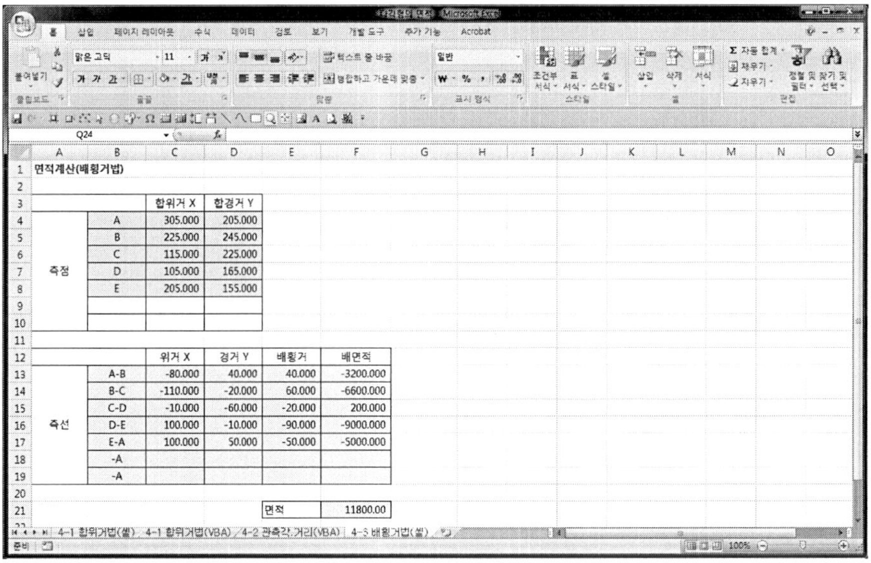

면적계산(배횡거법)

		합위거 X	합경거 Y
측점	A	305.000	205.000
	B	225.000	245.000
	C	115.000	225.000
	D	105.000	165.000
	E	205.000	155.000

		위거 X	경거 Y	배횡거	배면적
측선	A-B	-80.000	40.000	40.000	-3200.000
	B-C	-110.000	-20.000	60.000	-6600.000
	C-D	-10.000	-60.000	-20.000	200.000
	D-E	100.000	-10.000	-90.000	-9000.000
	E-A	100.000	50.000	-50.000	-5000.000
	-A				
	-A				
				면적	11800.00

4.2 트래버스측량

4.2.1 폐합비와 오차의 배분

폐합트래버스(closed traverse)의 경우, 모든 측선의 위거 및 경거를 합계하면 0이 될 것이다. 그러나 실제의 측량 값에서는 <그림 4.7>에 표시한 것과 같이 오차 ΔL 및 ΔD가 발생한다.

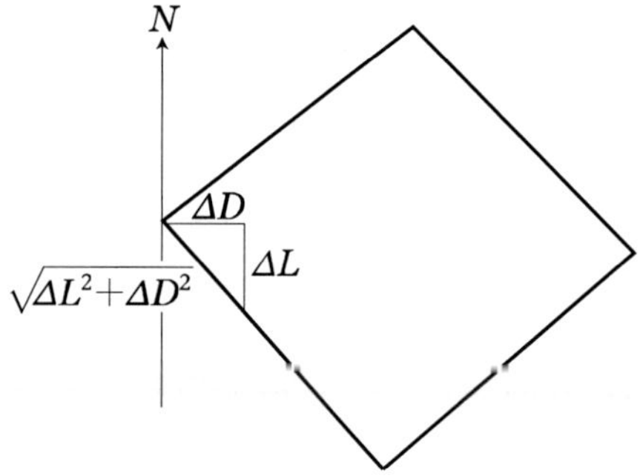

그림 4.7 오차와 폐합오차

결합트래버스(fixed traverse)도 마찬가지로 이미 알고 있는 점과의 오차 ΔL 및 ΔD가 발생한다. 이때, 폐합오차(error of closure) 및 폐합비(ratio of closure)를 다음 식으로 나타낸다.

$$\text{폐합오차} = \sqrt{\Delta L^2 + \Delta D^2}$$

$$\text{폐합비} = \frac{\sqrt{\Delta L^2 + \Delta D^2}}{\sum l}$$

폐합비는 '1/폐합비'의 형태로 나타내며 일반적으로 다음과 같다.

- 산지나 전망이 나쁜 토지 : 1/1,000 정도
- 완경사의 산지나 벌판 등 : 1/1,000~1/5,000 정도
- 장애물이 거의 없는 평지나 시가지 : 1/5,000~1/10,000 정도

오차의 배분방법에는 다음에 표시하는 컴퍼스법과 트랜싯법이 있다.

컴퍼스법

오차량의 ΔL 및 ΔD를 총연장 거리에 대한 각 측선 길이에 비례하여 배분한다. 총연장을 Σl로 하면 오차량은 다음 식으로 구한다.

$$(\Delta L/\Sigma l)\times l_i$$
$$(\Delta D/\Sigma l)\times l_i$$

트랜싯법

컴퍼스법에서는 각 측선 길이에 따라서 오차를 배분하지만, 트랜싯법에서는 위거 및 경거의 합계에 대한 각 위거, 경거의 길이(거리)로 배분한다.

$$\frac{\Delta L}{\Sigma|L|}\times L_i$$
$$\frac{\Delta D}{\Sigma|D|}\times D_i$$

여기서, $|L|=|L_1|+|L_2|+\cdots+|L_n|$

$|D|=|D_1|+|D_2|+\cdots+|D_n|$

4.2.2 방위각의 계산

방위각은 일반적으로 북쪽을 기준으로 하여 시계방향의 각도로 나타낸다. <그림 4.8>에 표시한 방위각 θ_0, θ_1, θ_2, ⋯, θ_n 및 내각 α는 우측방향으로 관측한 경우에 아래의 관계가 성립된다.

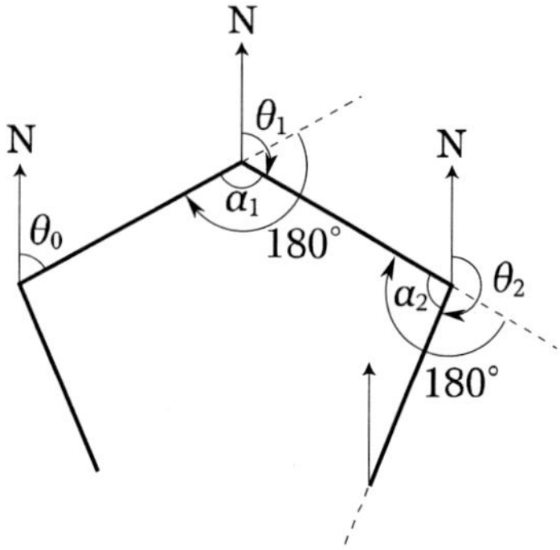

그림 4.8 방위각

$$
\begin{aligned}
\theta_1 &= \theta_0 + 180° - \alpha_1 \\
\theta_2 &= \theta_1 + 180° - \alpha_2 \\
&\vdots \\
\theta_n &= \theta_{n-1} + 180° - \alpha_n
\end{aligned}
$$

구체적으로 예를 들면, $\theta_0 = 60°$, $\alpha_1 = 120°$, $\alpha_2 = 100°$일 때

$$
\begin{aligned}
\theta_1 &= 60° + 180° - 120° = 120° \\
\theta_2 &= 120° + 180° - 100° = 200°
\end{aligned}
$$

이와 같이 계산해 나가면 방위각이 360°보다 커지게 되는 경우에는 360°를 빼고, 좌측방향으로 관측한 경우는 다음 식에 의한다.

$$
\begin{aligned}
\theta_1 &= \theta_0 + 180° + \alpha_1 \\
\theta_2 &= \theta_1 + 180° + \alpha_2 \\
&\vdots \\
\theta_n &= \theta_{n-1} + 180° + \alpha_n
\end{aligned}
$$

Excel 예제 4.4	방위각, 좌표의 계산(개방트래버스)
개방트래버스의 각 점에 있어서 방위각과 좌표를 구한다.	

시작점(x_1, y_1)과 또 하나의 기지점(x_0, y_0)이 있으면 시작점에서의 방위각 θ_0을 알 수 있어 각 측점까지의 측각과 거리를 순차적으로 측정하면 각 측점에 있어서 방위각과 좌표를 계산할 수 있다.

방위각 : $\theta_0 = \tan^{-1}\{(y_0 - y_1)/(x_0 - x_1)\}$

$\theta_1 = \theta_0 + \alpha_1$

$\theta_{n-1} = \theta_{n-2} + 180^\circ + \alpha_{n-1}$ (좌측방향으로 관측한 경우)

위 거 : $L_{n-1} = l_{n-1} \times \cos\theta_{n-1}$

경 거 : $D_{n-1} = l_{n-1} \times \sin\theta_{n-1}$

합위거 : $x_n = x_0 + L_1 + L_2 + \cdots + L_{n-1}$

합경거 : $y_n = y_0 + D_1 + D_2 + \cdots + D_{n-1}$

이상의 관계식으로 작성한 각 점의 방위각과 좌표를 구하는 엑셀 프로그램을 아래에 표시하였다.

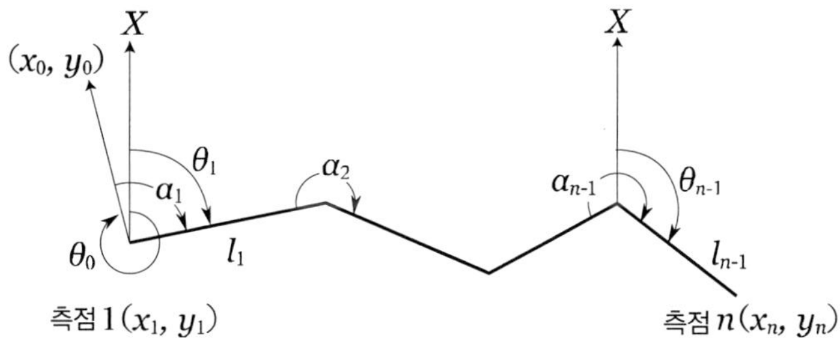

그림 4.9 개방트래버스

VBA (실행결과 예)

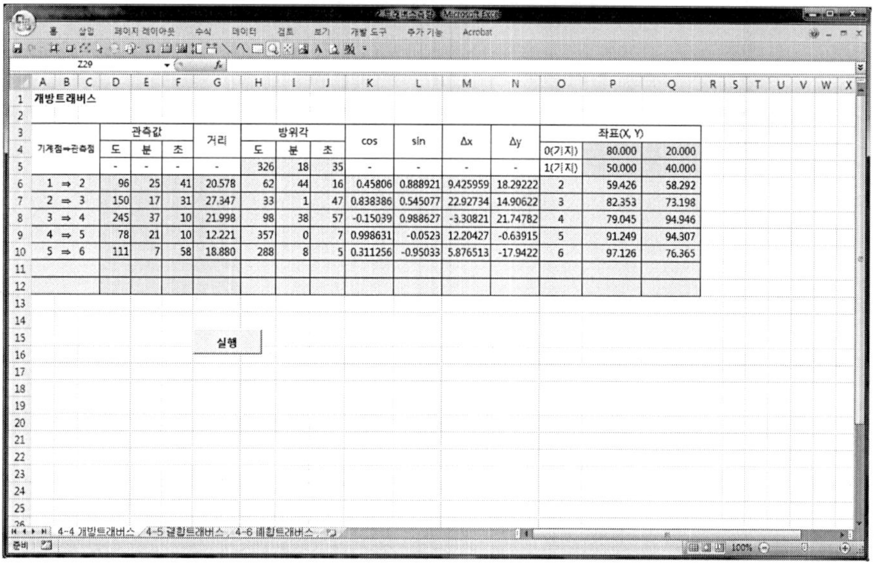

개방트래버스

기계점⇒관측점	관측값			거리	방위각			cos	sin	Δx	Δy	좌표(X, Y)		
	도	분	초		도	분	초					0(기지)	80.000	20.000
	-	-	-	-	326	18	35	-	-	-	-	1(기지)	50.000	40.000
1 ⇒ 2	96	25	41	20.578	62	44	16	0.45806	0.888921	9.425959	18.29222	2	59.426	58.292
2 ⇒ 3	150	17	31	27.347	33	1	47	0.838386	0.545077	22.92734	14.90622	3	82.353	73.198
3 ⇒ 4	245	37	10	21.998	98	38	57	-0.15039	0.988627	-3.30821	21.74782	4	79.045	94.946
4 ⇒ 5	78	21	10	12.221	357	0	7	0.998631	-0.0523	12.20427	-0.63915	5	91.249	94.307
5 ⇒ 6	111	7	58	18.880	288	8	5	0.311256	-0.95033	5.876513	-17.9422	6	97.126	76.365

※ 위거·경거는 Δx, Δy, 합위거·합경거는 좌표(x, y)로 한다.

※ 색칠부분이 입력셀(실제의 시트에서는 초록색)

VBA 프로그램 소스

```
Option Explicit

Sub CMD실행_Click( )

    Dim 측각( ) As Double
    Dim 거리( ) As Double
    Dim 방위각( ) As Double
    Dim 코사인( ) As Double
    Dim 사인( ) As Double
    Dim DeltaX( ) As Double
    Dim DeltaY( ) As Double
    Dim 좌표X( ) As Double
    Dim 좌표Y( ) As Double
    Dim 측점수 As Integer
```

```
Dim I As Integer

    '측점수 Count

    측점수 = 0
    Do Until IsEmpty(Range("_측각_도").Offset(측점수, 0))
        측점수 = 측점수 + 1
    Loop

    ReDim 측각(1 To 측점수)
    ReDim 거리(1 To 측점수)
    ReDim 방위각(1 To 측점수)
    ReDim 코사인(1 To 측점수)
    ReDim 사인(1 To 측점수)
    ReDim DeltaX(1 To 측점수)
    ReDim DeltaY(1 To 측점수)
    ReDim 좌표X(1 To 측점수)
    ReDim 좌표Y(1 To 측점수)

    '입력
    For I = 1 To 2
        좌표X(I) = Range("_좌표_X").Offset(I - 1, 0)
        좌표Y(I) = Range("_좌표_Y").Offset(I - 1, 0)
    Next
    For I = 3 To 측점수
        측각(I) = 라디안변환(Range("_측각_도").Offset(I - 1, 0), _
                                Range("_측각_분").Offset(I - 1, 0), _
                                Range("_측각_초").Offset(I - 1, 0))
        거리(I) = Range("_거리").Offset(I - 1, 0)
    Next

    Call 계산_개방트래버스(측각, 거리, 방위각, 코사인, 사인, DeltaX, DeltaY, 좌표X, 좌표Y)

    '출력
        Range("_방위각_도").Offset(1, 0) = 도변환(방위각(2))
        Range("_방위각_분").Offset(1, 0) = 분변환(방위각(2))
        Range("_방위각_초").Offset(1, 0) = 초변환(방위각(2))
    For I = 3 To 측점수
        Range("_방위각_도").Offset(I - 1, 0) = 도변환(방위각(I))
        Range("_방위각_분").Offset(I - 1, 0) = 분변환(방위각(I))
        Range("_방위각_초").Offset(I - 1, 0) = 초변환(방위각(I))
        Range("_COS").Offset(I - 1, 0) = 코사인(I)
        Range("_SIN").Offset(I - 1, 0) = 사인(I)
        Range("_DeltaX").Offset(I - 1, 0) = DeltaX(I)
        Range("_DeltaY").Offset(I - 1, 0) = DeltaY(I)
        Range("_좌표_X").Offset(I - 1, 0) = 좌표X(I)
        Range("_좌표_Y").Offset(I - 1, 0) = 좌표Y(I)
    Next
```

```
    Dim n As Integer
    For n = 1 To 측점수 - 2
    Range("_측점NO1").Offset(n - 1, 0) = n
    Range("_측점NO1").Offset(n - 1, 1) = "⇒"
    Next

    For n = 1 To 측점수 - 2
    Range("_측점NO1").Offset(n - 1, 2) = n + 1
    Range("_측점NO1").Offset(n - 1, 14) = n + 1
    Next

End Sub

Sub 계산_개방트래버스(측각( ) As Double, _
                        거리( ) As Double, _
                        ByRef 방위각( ) As Double, _
                        ByRef 코사인( ) As Double, _
                        ByRef 사인( ) As Double, _
                        ByRef DeltaX( ) As Double, _
                        ByRef DeltaY( ) As Double, _
                        ByRef 좌표X( ) As Double, _
                        ByRef 좌표Y( ) As Double)

    Dim 측점수 As Integer
    Dim I As Integer
    Const PI As Double = 3.1415926535897
    측점수 = UBound(측각)

        방위각(2) = Atn((좌표Y(1) - 좌표Y(2)) / (좌표X(1) - 좌표X(2)))
            If (좌표X(1) - 좌표X(2)) > 0 And (좌표Y(1) - 좌표Y(2)) > 0 Then 방위각
              (2) = 방위각(2)
            If (좌표X(1) - 좌표X(2)) < 0 And (좌표Y(1) - 좌표Y(2)) > 0 Then 방위각
              (2) = PI + 방위각(2)
            If (좌표X(1) - 좌표X(2)) < 0 And (좌표Y(1) - 좌표Y(2)) < 0 Then 방위각
              (2) = PI + 방위각(2)
            If (좌표X(1) - 좌표X(2)) > 0 And (좌표Y(1) - 좌표Y(2)) < 0 Then 방위각
              (2) = (2 * PI) + 방위각(2)
        방위각(3) = 방위각(2) + 측각(3)
            If 방위각(3) > (2 * PI) Then 방위각(3) = 방위각(3) - (2 * PI)
    For I = 4 To 측점수
        방위각(I) = 측각(I) + 방위각(I - 1)
            If (방위각(I) > 2 * PI) Then 방위각(I) = 방위각(I) - (2 * PI)
            If (방위각(I) > PI) Then 방위각(I) = 방위각(I) - PI Else If (방위각(I) < PI)
              Then 방위각(I) = 방위각(I) + PI
```

```
    Next I
      For I = 3 To 측점수
          코사인(I) = Round(Cos(방위각(I)), 6)
          사인(I) = Round(Sin(방위각(I)), 6)
          DeltaX(I) = 거리(I) * 코사인(I)
          DeltaY(I) = 거리(I) * 사인(I)
          좌표X(I) = Round((좌표X(I - 1) + DeltaX(I)), 3)
          좌표Y(I) = Round((좌표Y(I - 1) + DeltaY(I)), 3)
      Next

  End Sub

  Function 라디안변환(도 As Double, 분 As Double, 초 As Double) As Double
      라디안변환 = (도 + 분 / 60# + 초 / 3600#) * 3.14159256535897 / 180#
  End Function

  Function 도변환(라디안 As Double) As Double
      도변환 = Fix(Round((라디안 * 180# / 3.14159256535897), 2))
  End Function

  Function 분변환(라디안 As Double) As Double
      분변환 = Fix(Round((라디안 * 180# / 3.14159256535897 * 60#), 2)) Mod 60
  End Function

  Function 초변환(라디안 As Double) As Double
      초변환 = Fix(Round((라디안 * 180# / 3.14159256535897 * 3600#), 1)) Mod 60
  End Function
```

Excel 예제 4.5 방위각, 좌표의 계산(결합트래버스)

결합트래버스의 각 점에 있어서 방위각과 좌표 및 정밀도를 구한다. 방위각은 조정 후 각 방위각에 오차를 배분하고, 각 좌표는 폐합비 오차를 구하여 컴퍼스법에 의하여 조정한다.

시작점 1(x_1, y_1), 기지점(후시점) 0(x_0, y_0) 및 결합점 5(x_5, y_5), 설치점(x_6, y_6)으로 한 경우에 다음과 같은 관계가 성립된다.

방위각 : $\theta_0 = \tan^{-1}((y_0 - y_1) / (x_0 - x_1))$

$\theta_5 = \tan^{-1}((y_6 - y_5) / (x_6 - x_5))$

$\theta_1 = \theta_0 + \alpha_1$

$\theta_{n-1} = \theta_{n-2} + 180^\circ + \alpha_{n-1}$(좌측방향으로 관측한 경우)

측각의 조정 값은 순차적으로 산출한 측점 5의 방위각과 기지좌표에서 산출한 θ_5와의 차이에서 구해 측선 길이에 따라서 오차를 배분한다.

$$\text{폐합오차} = \sqrt{\Delta L^2 + \Delta D^2}$$

$$\text{폐합비} = \frac{\sqrt{\Delta L^2 + \Delta D^2}}{\sum l}$$

정밀도 = 1 : (1/폐합비)

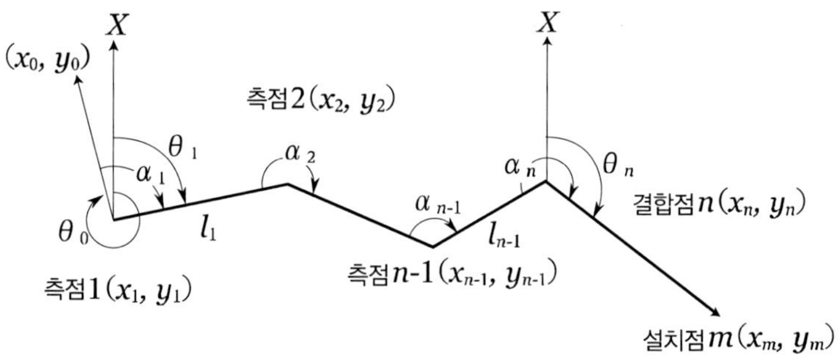

그림 4.10 결합트래버스

위의 그림에 있어서 (x_0, y_0), (x_1, y_1), (x_n, y_n), (x_m, y_m) 및 θ_0, θ_n은 기지로 한다.

VBA (실행결과 예)

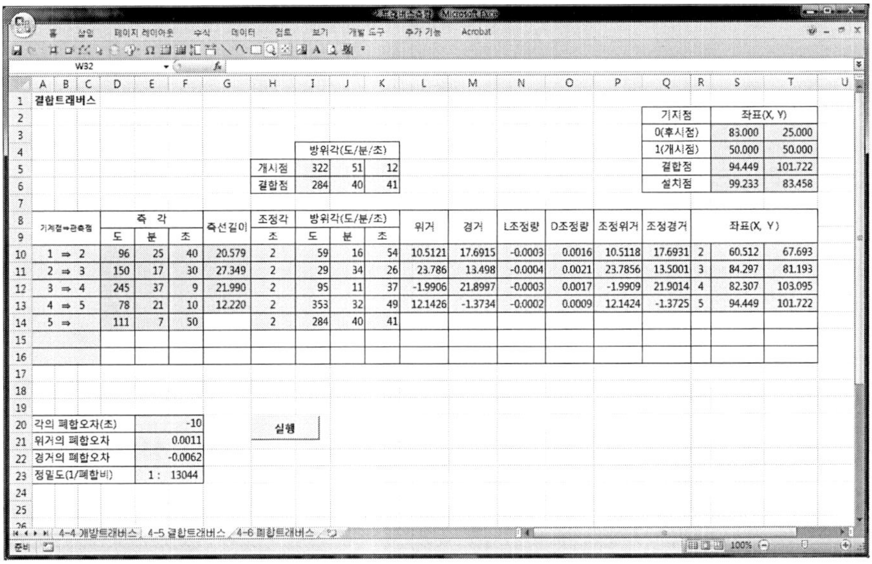

결합트래버스

	방위각(도/분/초)		
개시점	322	51	12
결합점	284	40	41

기지점	좌표(X, Y)	
0(후시점)	83.000	25.000
1(개시점)	50.000	50.000
결합점	94.449	101.722
설치점	99.233	83.458

기계점⇒관측점	측 각			측선길이	조정각	방위각(도/분/초)			위거	경거	L조정량	D조정량	조정위거	조정경거	좌표(X, Y)		
	도	분	초		초	도	분	초									
1 ⇒ 2	96	25	40	20.579	2	59	16	54	10.5121	17.6915	-0.0003	0.0016	10.5118	17.6931	2	60.512	67.693
2 ⇒ 3	150	17	30	27.349	2	29	34	26	23.786	13.498	-0.0004	0.0021	23.7856	13.5001	3	84.297	81.193
3 ⇒ 4	245	37	9	21.990	2	95	11	37	-1.9906	21.8997	-0.0003	0.0017	-1.9909	21.9014	4	82.307	103.095
4 ⇒ 5	78	21	10	12.220	2	353	32	49	12.1426	-1.3734	-0.0002	0.0009	12.1424	-1.3725	5	94.449	101.722
5 ⇒	111	7	50		2	284	40	41									

각의 폐합오차(초)	-10
위거의 폐합오차	0.0011
경거의 폐합오차	-0.0062
정밀도(1/폐합비)	1 : 13044

실행

4-4 개방트래버스 / 4-5 결합트래버스 / 4-6 폐합트래버스

VBA 프로그램 소스

```
Option Explicit

Sub CMD실행_Click( )

    Dim 측각( ) As Double
    Dim 측선길이( ) As Double
    Dim 조정각( ) As Double
    Dim 기지점방위각( ) As Double
    Dim 방위각( ) As Double
    Dim 위거( ) As Double
    Dim 경거( ) As Double
    Dim 조정량위거( ) As Double
    Dim 조정량경거( ) As Double
    Dim 조정위거( ) As Double
    Dim 조정경거( ) As Double
    Dim 기지좌표X( ) As Double
    Dim 기지좌표Y( ) As Double
    Dim 좌표X( ) As Double
    Dim 좌표Y( ) As Double
```

```
Dim 각의폐합오차초 As Integer
Dim 위거의폐합오차 As Double
Dim 경거의폐합오차 As Double
Dim 측점수 As Integer
Dim 거리합계 As Double
Dim 폐합비 As Double

Dim I As Integer

'측점수 Count
측점수 = 0
Do Until IsEmpty(Range("_측각_도").Offset(측점수, 0))
    측점수 = 측점수 + 1
Loop
ReDim 측각(1 To 측점수)
ReDim 측선길이(1 To 측점수 - 1)
ReDim 조정각(1 To 측점수)
ReDim 기지방위각(0 To 2)
ReDim 방위각(0 To 측점수)
ReDim 합위거(1 To 측점수 - 1)
ReDim 합경거(1 To 측점수 - 1)
ReDim 위거(1 To 측점수 - 1)
ReDim 경거(1 To 측점수 - 1)
ReDim 조정량위거(1 To 측점수 - 1)
ReDim 조정량경거(1 To 측점수 - 1)
ReDim 조정위거(1 To 측점수 - 1)
ReDim 조정경거(1 To 측점수 - 1)
ReDim 좌표X(0 To 측점수 + 1)
ReDim 좌표Y(0 To 측점수 + 1)

'입력
    좌표X(0) = Range("_기지좌표_X").Offset(0, 0)
    좌표Y(0) = Range("_기지좌표_Y").Offset(0, 0)
    좌표X(1) = Range("_기지좌표_X").Offset(1, 0)
    좌표Y(1) = Range("_기지좌표_Y").Offset(1, 0)
    좌표X(측점수) = Range("_기지좌표_X").Offset(2, 0)
    좌표Y(측점수) = Range("_기지좌표_Y").Offset(2, 0)
    좌표X(측점수 + 1) = Range("_기지좌표_X").Offset(3, 0)
    좌표Y(측점수 + 1) = Range("_기지좌표_Y").Offset(3, 0)
For I = 1 To 측점수
    측각(I) = 라디안변환(Range("_측각_도").Offset(I - 1, 0), _
                         Range("_측각_분").Offset(I - 1, 0), _
                         Range("_측각_초").Offset(I - 1, 0))
Next
For I = 1 To 측점수 - 1
    측선길이(I) = Range("_측선길이").Offset(I - 1, 0)
Next
```

```
Call 계산_결합트래버스(측각, 측선길이, 조정각, 방위각, 위거, 경거, 조정량위거, 조정량경거, 조정위거, 조정경거, 좌표X, 좌표Y, 각의폐합오차초, 위거의폐합오차, 경거의폐합오차, 폐합비)

'출력
    Range("_기지방위각_도").Offset(0, 0) = 도변환(방위각(0))
    Range("_기지방위각_분").Offset(0, 0) = 분변환(방위각(0))
    Range("_기지방위각_초").Offset(0, 0) = 초변환(방위각(0))
    Range("_기지방위각_도").Offset(1, 0) = 도변환(방위각(측점수))
    Range("_기지방위각_분").Offset(1, 0) = 분변환(방위각(측점수))
    Range("_기지방위각_초").Offset(1, 0) = 초변환(방위각(측점수))
For I = 1 To 측점수
    Range("_방위각_도").Offset(I - 1, 0) = 도변환(방위각(I))
    Range("_방위각_분").Offset(I - 1, 0) = 분변환(방위각(I))
    Range("_방위각_초").Offset(I - 1, 0) = 초변환(방위각(I))
Next
For I = 2 To 측점수
    Range("_좌표_X").Offset(I - 2, 0) = 좌표X(I)
    Range("_좌표_Y").Offset(I - 2, 0) = 좌표Y(I)
Next
For I = 1 To 측점수 - 1
    Range("_위거").Offset(I - 1, 0) = 위거(I)
    Range("_경거").Offset(I - 1, 0) = 경거(I)
    Range("_조정량위거").Offset(I - 1, 0) = 조정량위거(I)
    Range("_조정량경거").Offset(I - 1, 0) = 조정량경거(I)
    Range("_조정위거").Offset(I - 1, 0) = 조정위거(I)
    Range("_조정경거").Offset(I - 1, 0) = 조정경거(I)
Next
For I = 1 To 측점수
    Range("_조정각").Offset(I - 1, 0) = 조정각(I)
Next
    Range("_각의폐합오차_초") = 각의폐합오차초
    Range("_위거의폐합오차") = 위거의폐합오차
    Range("_경거의폐합오차") = 경거의폐합오차
    Range("_폐합비") = 1 / 폐합비
    Range("_폐합비").Offset(0, -1) = " 1 : "

For I = 1 To 측점수
Range("_측점NO").Offset(I - 1, 0) = I
Range("_측점NO").Offset(I - 1, 1) = "⇒"
Next

For I = 1 To 측점수 - 1
Range("_측점NO").Offset(I - 1, 2) = I + 1
Range("_측점NO").Offset(I - 1, 17) = I + 1
Next

End Sub
```

```
Sub 계산_결합트래버스(측각( ) As Double, _
                    측선길이( ) As Double, _
                    ByRef 조정각( ) As Double, _
                    ByRef 방위각( ) As Double, _
                    ByRef 위거( ) As Double, _
                    ByRef 경거( ) As Double, _
                    ByRef 조정량위거( ) As Double, _
                    ByRef 조정량경거( ) As Double, _
                    ByRef 조정위거( ) As Double, _
                    ByRef 조정경거( ) As Double, _
                    ByRef 좌표X( ) As Double, _
                    ByRef 좌표Y( ) As Double, _
                    ByRef 각의폐합오차초 As Integer, _
                    ByRef 위거의폐합오차 As Double, _
                    ByRef 경거의폐합오차 As Double, _
                    ByRef 폐합비 As Double)

    Dim 거리합계 As Double
    Dim 측점수 As Integer
    Dim 측각합계 As Double
    Dim 각의폐합오차 As Double
    Dim 오차균등배분 As Integer
    Dim 오차균등배분의나머지 As Integer
    Dim 오차배분( ) As Double
    Dim I As Integer
    Dim 최솟값 As Double

    Const PI As Double = 3.1415926535
    Const 소숫점이하행수 As Integer = 4
    측점수 = UBound(측각)
    ReDim 오차배분(1 To 측점수) As Double

    방위각(0) = Atn((좌표Y(0) - 좌표Y(1)) / (좌표X(0) - 좌표X(1)))
    If (좌표X(0) - 좌표X(1)) > 0 And (좌표Y(0) - 좌표Y(1)) > 0 Then _
        방위각(0) = 방위각(0)
    If (좌표X(0) - 좌표X(1)) < 0 And (좌표Y(0) - 좌표Y(1)) > 0 Then _
        방위각(0) = PI + 방위각(0)
    If (좌표X(0) - 좌표X(1)) < 0 And (좌표Y(0) - 좌표Y(1)) < 0 Then _
        방위각(0) = PI + 방위각(0)
    If (좌표X(0) - 좌표X(1)) > 0 And (좌표Y(0) - 좌표Y(1)) < 0 Then _
        방위각(0) = (2 * PI) + 방위각(0)

    방위각(측점수) = Atn((좌표Y(측점수 + 1) - 좌표Y(측점수)) / (좌표X(측점수 + 1) - 좌표X(측점수)))
    If (좌표X(측점수 + 1) - 좌표X(측점수)) > 0 And (좌표Y(측점수 + 1) - 좌표Y(측점수)) > 0 Then _
        방위각(측점수) = 방위각(측점수)
    If (좌표X(측점수 + 1) - 좌표X(측점수)) < 0 And (좌표Y(측점수 + 1) - 좌표Y(측점수)) > 0 Then _
        방위각(측점수) = PI + 방위각(측점수)
```

```
If (좌표X(측점수 + 1) - 좌표X(측점수)) < 0 And (좌표Y(측점수 + 1) - 좌표Y(측점수)) < 0 Then _
    방위각(측점수) = PI + 방위각(측점수)
If (좌표X(측점수 + 1) - 좌표X(측점수)) > 0 And (좌표Y(측점수 + 1) - 좌표Y(측점수)) < 0 Then _
    방위각(측점수) = (2 * PI) + 방위각(측점수)

측각합계 = 0
For I = 1 To 측점수
    측각합계 = 측각합계 + 측각(I)
Next
        각의폐합오차 = 방위각(0) + 측각합계 - 방위각(측점수)
    Do Until 각의폐합오차 < ((60# * PI) / (3600# * 180#))
        각의폐합오차 = 각의폐합오차 - PI
    Loop

    각의폐합오차초 = 각의폐합오차 * 180# / 3.14159 * 3600#

'오차배분
    오차균등배분 = Fix(각의폐합오차초 / (측점수))
For I = 1 To 측점수
    조정각(I) = -오차균등배분
Next
    오차균등배분의나머지 = 오차균등배분 * (측점수) - 각의폐합오차초
If Abs(오차균등배분의나머지) <> 0 Then
    For I = 1 To 측점수
        오차배분(I) = Abs(Abs(Sin(측각(I))) - Sin(PI / 4))
    Next
    Do
        최솟값 = 1
        For I = 1 To 측점수
            If 오차배분(최솟값) > 오차배분(I) And 조정각(I) = -오차균등배분 Then
                최솟값 = I
            End If
        Next
            조정각(최솟값) = 조정각(최솟값) + Sgn(오차균등배분의나머지)
            오차균등배분의나머지 = 오차균등배분의나머지 - Sgn(오차균등배분의나머지)
            If 오차균등배분의나머지 = 0 Then Exit Do
    Loop
End If

    방위각(1) = 방위각(0) + 측각(1) + 라디안변환(0, 0, 조정각(1))
        If 방위각(1) > (2 * PI) Then 방위각(1) = 방위각(1) - (2 * PI)
For I = 2 To 측점수
    방위각(I) = 방위각(I - 1) + 측각(I) + 라디안변환(0, 0, 조정각(I))
        If 방위각(I) > (2 * PI) Then 방위각(I) = 방위각(I) - (2 * PI)
        If 방위각(I) > PI Then 방위각(I) = (방위각(I) - PI) Else _
             If 방위각(I) < PI Then 방위각(I) = (방위각(I) + PI)
Next
```

```
        위거의폐합오차 = 좌표X(1)
        경거의폐합오차 = 좌표Y(1)
        거리합계 = 0
    For I = 1 To 측점수 - 1
        위거(I) = Round(측선길이(I) * Cos(방위각(I)), 소숫점이하행수)
        경거(I) = Round(측선길이(I) * Sin(방위각(I)), 소숫점이하행수)
        위거의폐합오차 = 위거의폐합오차 + 위거(I)
        경거의폐합오차 = 경거의폐합오차 + 경거(I)
        거리합계 = 거리합계 + 측선길이(I)
    Next
        위거의폐합오차 = Round(위거의폐합오차 - 좌표X(측점수), 소숫점이하행수)
        경거의폐합오차 = Round(경거의폐합오차 - 좌표Y(측점수), 소숫점이하행수)
        폐합비 = ((위거의폐합오차 ^ 2 + 경거의폐합오차 ^ 2) ^ (1 / 2)) / 거리합계
    For I = 1 To 측점수 - 1
        조정량위거(I) = Round(-위거의폐합오차 * 측선길이(I) / 거리합계, 소숫점이하행수)
        조정량경거(I) = Round(-경거의폐합오차 * 측선길이(I) / 거리합계, 소숫점이하행수)
        조정위거(I) = 위거(I) + 조정량위거(I)
        조정경거(I) = 경거(I) + 조정량경거(I)
    Next
    For I = 2 To 측점수
        좌표X(I) = 좌표X(I - 1) + 조정위거(I - 1)
        좌표Y(I) = 좌표Y(I - 1) + 조정경거(I - 1)
    Next

End Sub

Function 라디안변환(도 As Double, 분 As Double, 초 As Double) As Double
    라디안변환 = (도 + 분 / 60# + 초 / 3600#) * 3.1415926535 / 180#
End Function

Function 도변환(라디안 As Double) As Double
    도변환 = Fix(라디안 * 180# / 3.1415926535)
End Function

Function 분변환(라디안 As Double) As Double
    분변환 = Fix(라디안 * 180# / 3.1415926535 * 60#) Mod 60
End Function

Function 초변환(라디안 As Double) As Double
    초변환 = Round(라디안 * 180# / 3.1415926535 * 3600#) Mod 60
End Function
```

Excel 예제 4.6 방위각, 좌표의 계산(폐합트래버스)

폐합트래버스의 각 점에 있어서 좌표를 구한다. 내각은 조정 후에 오차를 배분하고, 각 좌표는 폐합오차를 구하여 컴퍼스법에 의하여 조정한다.

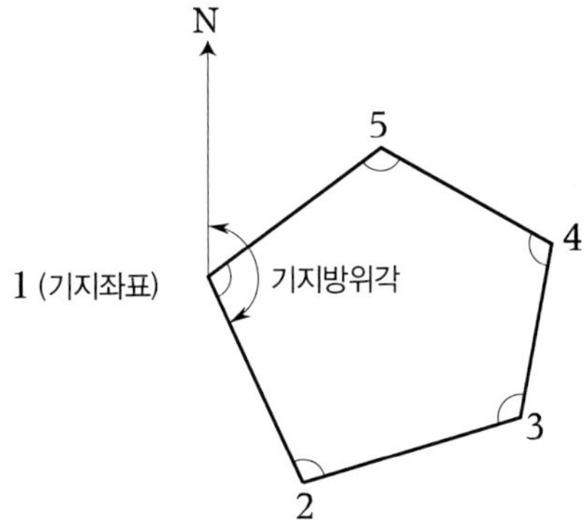

그림 4.11 폐합트래버스

시작점 1의 좌표와 측선 1-2의 방위각은 기지로서 산출한다. 측각의 조정은 n각형의 내각의 합이 $(n-2)\times 180^\circ$이기 때문에 그 차이를 구하여 조정한다.

VBA (실행결과 예)

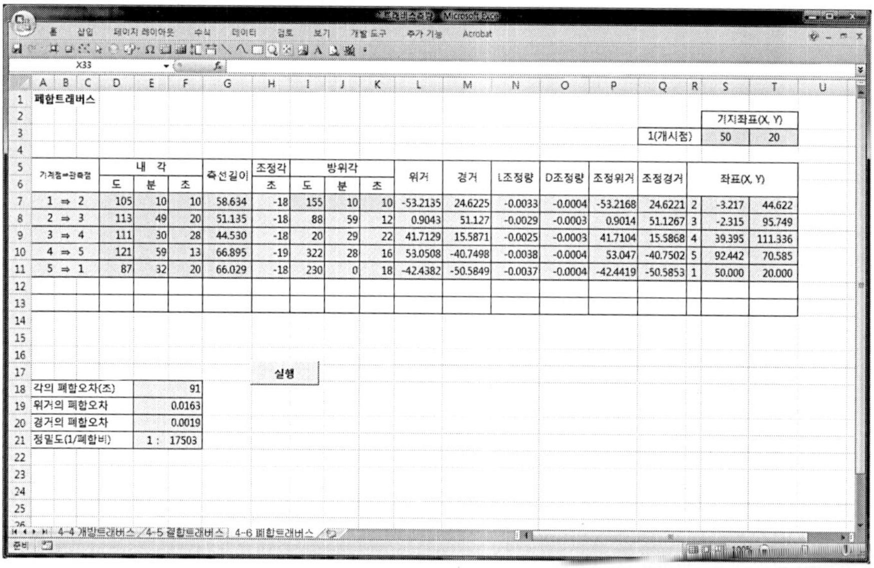

폐합트래버스

	기지좌표(X, Y)	
1(개시점)	50	20

기계점⇒관측점	내 각			측선길이	조정각	방위각			위거	경거	L조정량	D조정량	조정위거	조정경거	좌표(X, Y)		
	도	분	초		초	도	분	초									
1 ⇒ 2	105	10	10	58.634	-18	155	10	10	-53.2135	24.6225	-0.0033	-0.0004	-53.2168	24.6221	2	-3.217	44.622
2 ⇒ 3	113	49	20	51.135	-18	88	59	12	0.9043	51.127	-0.0029	-0.0003	0.9014	51.1267	3	-2.315	95.749
3 ⇒ 4	111	30	28	44.530	-18	20	29	22	41.7129	15.5871	-0.0025	-0.0003	41.7104	15.5868	4	39.395	111.336
4 ⇒ 5	121	59	13	66.895	-19	322	28	16	53.0508	-40.7498	-0.0038	-0.0004	53.047	-40.7502	5	92.442	70.585
5 ⇒ 1	87	32	20	66.029	-18	230	0	18	-42.4382	-50.5849	-0.0037	-0.0004	-42.4419	-50.5853	1	50.000	20.000

각의 폐합오차(조)	91
위거의 폐합오차	0.0163
경거의 폐합오차	0.0019
정밀도(1/폐합비)	1 : 17503

실행

VBA 프로그램 소스

```
Option Explicit

Sub CMD실행_Click( )

    Dim 내각( ) As Double
    Dim 측선길이( ) As Double
    Dim 조정각( ) As Double
    Dim 방위각( ) As Double
    Dim 위거( ) As Double
    Dim 경거( ) As Double
    Dim 조정량위거( ) As Double
    Dim 조정량경거( ) As Double
    Dim 조정위거( ) As Double
    Dim 조정경거( ) As Double
    Dim 좌표X( ) As Double
    Dim 좌표Y( ) As Double
    Dim 각의폐합오차초 As Integer
    Dim 위거의폐합오차 As Double
    Dim 경거의폐합오차 As Double
```

```
Dim 폐합비 As Double
Dim 측점수 As Integer

Dim I As Integer

'측점수 Count
측점수 = 0
Do Until IsEmpty(Range("_내각_도").Offset(측점수, 0))
    측점수 = 측점수 + 1
Loop
ReDim 내각(1 To 측점수)
ReDim 측선길이(1 To 측점수)
ReDim 조정각(1 To 측점수)
ReDim 방위각(1 To 측점수)
ReDim 위거(1 To 측점수)
ReDim 경거(1 To 측점수)
ReDim 조정량위거(1 To 측점수)
ReDim 조정량경거(1 To 측점수)
ReDim 조정위거(1 To 측점수)
ReDim 조정경거(1 To 측점수)
ReDim 좌표X(0 To 측점수 + 1)
ReDim 좌표Y(0 To 측점수 + 1)

'입력
방위각(1) = 라디안변환(Range("_방위각_도"), Range("_방위각_분"), Range("_방위각_초"))
좌표X(1) = Range("_기지좌표_X")
좌표Y(1) = Range("_기지좌표_Y")
For I = 1 To 측점수
    내각(I) = 라디안변환(Range("_내각_도").Offset(I - 1, 0), _
                        Range("_내각_분").Offset(I - 1, 0), _
                        Range("_내각_초").Offset(I - 1, 0))
    측선길이(I) = Range("_측선길이").Offset(I - 1, 0)
Next

Call 계산_폐합트래버스(내각, 측선길이, 조정각, 방위각, 위거, 경거, 조정량위거, _
                조정량경거, 조정위거, 조정경거, 좌표X, 좌표Y, 각의폐합오차초, _
                위거의폐합오차, 경거의폐합오차, 폐합비)

'출력
For I = 2 To 측점수
    Range("_방위각_도").Offset(I - 1, 0) = 도변환(방위각(I))
    Range("_방위각_분").Offset(I - 1, 0) = 분변환(방위각(I))
    Range("_방위각_초").Offset(I - 1, 0) = 초변환(방위각(I))
Next
For I = 1 To 측점수
    Range("_조정각").Offset(I - 1, 0) = 조정각(I)
```

```
        Range("_위거").Offset(I - 1, 0) = 위거(I)
        Range("_경거").Offset(I - 1, 0) = 경거(I)

        Range("_조정량위거").Offset(I - 1, 0) = 조정량위거(I)
        Range("_조정량경거").Offset(I - 1, 0) = 조정량경거(I)
        Range("_조정위거").Offset(I - 1, 0) = 조정위거(I)
        Range("_조정경거").Offset(I - 1, 0) = 조정경거(I)
    Next
    For I = 1 To 측점수
        Range("_좌표_X").Offset(I - 1, 0) = 좌표X(I + 1)
        Range("_좌표_Y").Offset(I - 1, 0) = 좌표Y(I + 1)
        Range("_좌표_X").Offset(I - 1, 0) = 좌표X(I + 1)
        Range("_좌표_Y").Offset(I - 1, 0) = 좌표Y(I + 1)
    Next
    Range("_각의폐합오차_초") = 각의폐합오차초
    Range("_위거의폐합오차") = 위거의폐합오차
    Range("_경거의폐합오차") = 경거의폐합오차
    Range("_폐합비") = 1 / 폐합비
    Range("_폐합비").Offset(0, -1) = " 1 : "

    For I = 1 To 측점수
    Range("_측점NO").Offset(I - 1, 0) = I
    Range("_측점NO").Offset(I - 1, 1) = "⇒"
    Next

    For I = 1 To 측점수
    Range("_측점NO").Offset(I - 1, 2) = I + 1
    Range("_측점NO").Offset(I - 1, 17) = I + 1
    Next

    Range("_측점NO").Offset(측점수 - 1, 2) = 1
    Range("_측점NO").Offset(측점수 - 1, 17) = 1

End Sub

Sub 계산_폐합트래버스(내각( ) As Double, _
                        측선길이( ) As Double, _
                        ByRef 조정각( ) As Double, _
                        ByRef 방위각( ) As Double, _
                        ByRef 위거( ) As Double, _
                        ByRef 경거( ) As Double, _
                        ByRef 조정량위거( ) As Double, _
                        ByRef 조정량경거( ) As Double, _
                        ByRef 조정위거( ) As Double, _
                        ByRef 조정경거( ) As Double, _
                        ByRef 좌표X( ) As Double, _
```

```
                    ByRef 좌표Y( ) As Double, _
                    ByRef 각의폐합오차초 As Integer, _
                    ByRef 위거의폐합오차 As Double, _
                    ByRef 경거의폐합오차 As Double, _
                    ByRef 폐합비 As Double)

Dim 거리합계 As Double
Dim 측점수 As Integer
Dim 내각합계 As Double
Dim 오차균등배분 As Integer
Dim 오차균등배분의나머지 As Integer
Dim 오차배분( ) As Double
Dim I As Integer
Dim 최솟값 As Double

Const PI As Double = 3.141592653589
Const 소숫점이하행수 As Integer = 4
측점수 = UBound(내각)
ReDim 오차배분(측점수) As Double

내각합계 = 0
For I = 1 To 측점수
    내각합계 = 내각합계 + 내각(I)
Next
각의폐합오차초 = (내각합계 - (측점수 - 2) * PI) * 180# / PI * 3600#

'오차배분
오차균등배분 = Fix(각의폐합오차초 / 측점수)
For I = 1 To 측점수
    조정각(I) = -오차균등배분
Next
오차균등배분의나머지 = (오차균등배분 * 측점수) - (각의폐합오차초)
If 오차균등배분의나머지 <> 0 Then
    For I = 1 To 측점수
        오차배분(I) = Abs(Abs(Sin(내각(I))) - Sin(PI / 4))
    Next
    Do
        최솟값 = 1
        For I = 1 To 측점수
           If 오차배분(최솟값) > 오차배분(I) And 조정각(I) = -오차균등배분 Then 최솟값 = I
        Next
        조정각(최솟값) = 조정각(최솟값) + Sgn(오차균등배분의나머지)
        오차균등배분의나머지 = 오차균등배분의나머지 - Sgn(오차균등배분의나머지)
        If 오차균등배분의나머지 = 0 Then Exit Do
    Loop
End If
```

```
    '방위각의 계산
    For I = 2 To 측점수
        방위각(I) = 방위각(I - 1) + 내각(I) + 라디안변환(0, 0, 조정각(I))
        If (방위각(I) - (2 * PI) >= 0) Then 방위각(I) = 방위각(I) - (2 * PI)
        If (방위각(I) - PI > 0) Then 방위각(I) = (방위각(I) - PI) Else _
                If (방위각(I) - PI < 0) Then 방위각(I) = (방위각(I) + PI)
    Next
    위거의폐합오차 = 0
    경거의폐합오차 = 0
    거리합계 = 0
    For I = 1 To 측점수
        위거(I) = Round(측선길이(I) * Cos(방위각(I)), 소숫점이하행수)
        경거(I) = Round(측선길이(I) * Sin(방위각(I)), 소숫점이하행수)
        위거의폐합오차 = 위거의폐합오차 + 위거(I)
        경거의폐합오차 = 경거의폐합오차 + 경거(I)
        거리합계 = 거리합계 + 측선길이(I)
    Next
    For I = 1 To 측점수
        조정량위거(I) = Round(-위거의폐합오차 * 측선길이(I) / 거리합계, 소숫점이하행수)
        조정량경거(I) = Round(-경거의폐합오차 * 측선길이(I) / 거리합계, 소숫점이하행수)
        조정위거(I) = 위거(I) + 조정량위거(I)
        조정경거(I) = 경거(I) + 조정량경거(I)
    Next
    For I = 1 To 측점수
        좌표X(I + 1) = 좌표X(I) + 조정위거(I)
        좌표Y(I + 1) = 좌표Y(I) + 조정경거(I)
    Next
        폐합비 = ((위거의폐합오차 ^ 2 + 경거의폐합오차 ^ 2) ^ (1 / 2)) / 거리합계

End Sub

Function 라디안변환(도 As Double, 분 As Double, 초 As Double) As Double
    라디안변환 = (도 + 분 / 60# + 초 / 3600#) * 3.1415926535 / 180#
End Function

Function 도변환(라디안 As Double) As Double
    도변환 = Fix(Round((라디안 * 180# / 3.141592653589), 2))
End Function

Function 분변환(라디안 As Double) As Double
    분변환 = Fix(Round((라디안 * 180# / 3.141592653589 * 60#), 2)) Mod 60
End Function

Function 초변환(라디안 As Double) As Double
    초변환 = Round((라디안 * 180# / 3.141592563589 * 3600#), 1) Mod 60
End Function
```

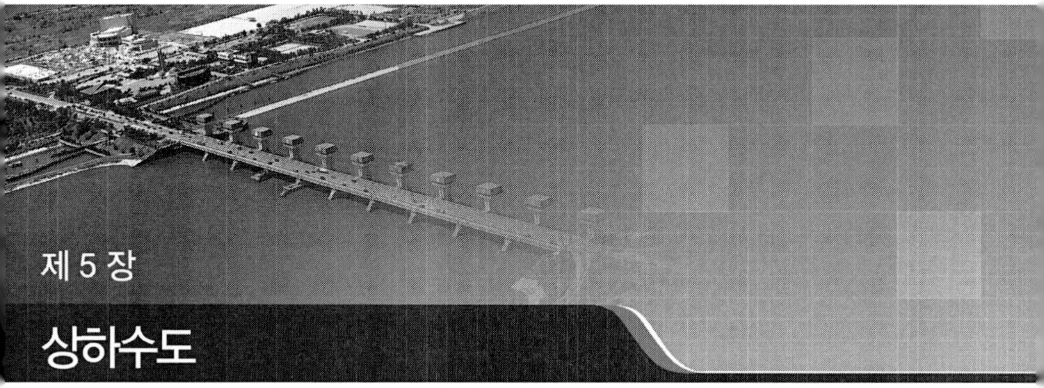

제 5 장

상하수도

5.1 계획인구의 추정

상수도의 계획에서는 계획급수인구를 정할 필요가 있으며 또, 하수도의 계획에서는 계획배수인구를 정하지 않으면 안 된다. 계획인구는 상주인구와 이동인구로 나누어 계획 목표 년차에 대하여 그 도시의 상황을 근거로 하여 정한다.

장래의 상주인구 추정법으로서는 「등차급수법」, 「등비급수법」, 「지수곡선법」, 「로지스틱곡선법」 등이 있으며, 그 계획구역에 대하여 장래의 동향을 감안하여 사용을 달리하고 있다.

5.1.1 등차급수법

등차급수법(arithmetic series method)은 다음 식과 같이 나타내는데, 인구의 증가수가 일정한 경우에 적용한다. 과거의 인구증가수가 비교적 적은 도시나 발전 가능성이 완만한 도시의 경우에 많이 사용된다.

$$P_n = P_0 + na$$
$$a = \frac{P_0 - P_t}{t}$$

여기서, P_n : n년 후의 인구(인)

P_0 : 현재의 인구(인)

n : 현재부터 계획 년차까지의 년 수(년)

a : 매년 증가하는 사람 수(인/년)

P_t : 현재부터 t년 전의 인구(인)

위의 식에 의하여 2개의 자료가 있으면 장래인구를 추정할 수 있는데, 일반적으로는 복수의 자료를 사용하여 다음 식과 같이 직선 식으로 하여 최소자승법으로 장래의 인구를 추정하는 경우가 많다(5.3 참조).

$P_n = Y$, $n = x$, $a = A$, $P_0 = B$ 로 두면 다음과 같다.

$$Y = AX + B$$
$$A = \frac{N\Sigma XY - \Sigma X\Sigma Y}{N\Sigma X^2 - \Sigma X\Sigma X}$$
$$B = \frac{\Sigma X^2\Sigma Y - \Sigma X\Sigma XY}{N\Sigma X^2 - \Sigma X\Sigma X}$$

여기서, Y : 인구데이터

X : 년도 데이터

A, B : 계수

N : 데이터 수

A와 B의 값을 구하여 Y, X 원래의 식으로 돌아가면 추정식이 된다.

$$P_n = Ax + B$$

5.1.2 등비급수법

등비급수법은 장기간 같은 인구 증가율을 보이고 있는 도시에 적용된다. 일반적으로 과대 또는 과소로 추정되는 경향이 있다.

$$P_n = P_0(1+r)^2$$

$$r = \left(\frac{P_0}{P_t}\right)^{\frac{1}{t}} - 1$$

여기서, P_n : n년도의 인구(인)

P_0 : 현재의 인구(인)

n : 현재부터 계획 년차까지의 년 수(년)

r : 매년 증가하는 사람 수(인/년)

P_t : 현재부터 t년 전의 인구(인)

복수의 인구 데이터로 추정하는 경우는 위의 식 양변을 대수로 하여 구한다.

$$\log P_n = n\log(1+r) + \log P_0$$

$\log P_n = Y$, $n = X$, $\log(1+r) = A$, $\log P_0 = B$로 두고 $Y = AX + B$형으로 하여 최소자승법으로 A, B를 구한다.

결과적으로 $\log P_n = A\mathrm{n} + B$가 되므로 이것을 진수로 되돌리면 추정인구가 구해진다.

$$P_n = e^{(An+B)}$$

여기서, P_n : n년 후의 추정인구(인)

n : 기준년도부터의 경과년수(년)

5.1.3 지수곡선식에 의한 추정

지수곡선식은 비교적 광범위한 도시의 장래인구를 추정할 수 있다.

$$P_n = P_0 + bn^a$$

위의 식에서 양변을 대수로 하여 변형하면 다음과 같이 된다.

$$\log(P_n - P_0) = a\log n + \log b$$

$\log(P_n - P_0) = Y$, $\log n = X$, $a = A$, $\log b = B$로 놓고 $Y = AX + B$형으로 하여 최소자승법으로 A, B를 구하면 다음과 같이 된다.

$$\log(P_n - P_0) = A\log n + B$$

그러므로 이것을 진수로 되돌리면 추정인구식이 구해진다.

$$P_n = P_0 + e^{(A\log n + B)}$$

여기서, P_n : n년 후의 추정인구(인)

P_0 : 현재의 인구(인)

n : 기준년도부터의 경과년수(년)

5.1.4 로지스틱곡선식에 의한 추정

로지스틱곡선식은 인구가 점점 늘어나다가 일정기간이 지나면 급격히 증가하여 최대가 되고, 그 후에 증가율이 점점 감소하여 포화에 도달하는 경우의 인구추정법으로 사용되고 있다.

$$P_n = \frac{K}{1 + e^{b-an}}$$

여기서, K : 인구성장 한계 인구(인)

a, b : 상수

n : 기준년도에서 예측년도까지의 경과년수

위의 식을 변형하면 다음과 같다.

$$e^{b-an} = \frac{K}{P_n} - 1$$

양변에 대수를 취하면 다음과 같다.

$$b - an = \log\left(K/P_n - 1\right)$$

$\log(K/P_n - 1) = Y$, $n = X$, $-a = A$, $b = B$로 놓고 $Y = AX + B$형으로 하여 최소자승법으로 A, B를 구하고 Y, X를 원래로 되돌리면 다음과 같다.

$$\log\left(K/P_n - 1\right) = An + B$$

이 식의 양변을 진수로 되돌리면 다음과 같이 된다.

$$K/P_n = e^{(An+B)}$$

식을 변형하면 인구추정식이 된다.

$$P_n = \frac{K}{1 + e^{(an+B)}}$$

Excel 예제 5.1	계획인구의 추정
등차급수법, 등비급수법, 지수곡선식, 로지스틱곡선식 각각의 방법으로 추정하고 그 결과를 동시에 표시하여 각 추정법을 비교한다.	

표 5.1 시의 인구통계

연도	인구
2004	662,632
2005	663,321
2006	664,159
2007	665,832
2008	666,347
2009	667,023
2010	668,495

VBA (실행결과 예)

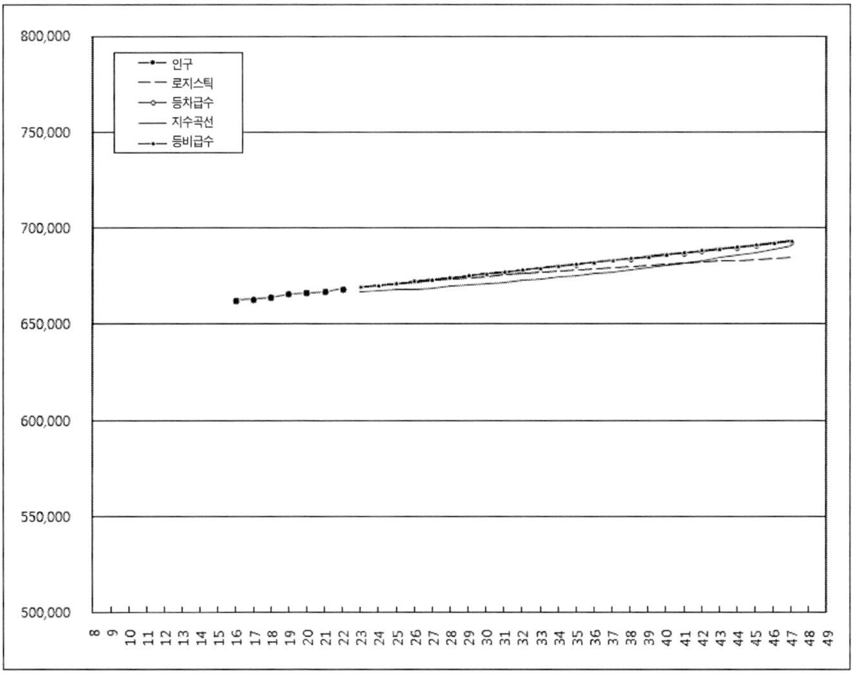

VBA 프로그램 소스 (등차급수법)

```
Option Explicit

Private Sub CommandButton1_Click( )

    Dim 자료수 As Integer, n년후 As Integer
    Dim x(100) As Double, y(100) As Double
    Dim sx As Double, sy As Double, sxy As Double, sxx As Double
    Dim A As Double, B As Double
    Dim i As Integer

    sx = 0
    sy = 0
    sxy = 0
    sxx = 0
    Range("E5:F30") = ""

    '입력, 계산
    자료수 = Range("_자료수")
    n년후 = Range("_n년후")

    For i = 0 To 자료수 - 1
        x(i) = Cells(5 + i, 2)
        y(i) = Cells(5 + i, 3)
        sx = sx + x(i)
        sy = sy + y(i)
        sxy = sxy + x(i) * y(i)
        sxx = sxx + x(i) * x(i)
    Next

    A = (자료수 * sxy - sx * sy) / (자료수 * sxx - sx * sx)
    B = (sxx * sy - sx * sxy) / (자료수 * sxx - sx * sx)

    '계산, 출력
    For i = x(자료수 - 1) + 1 To x(자료수 - 1) + n년후
        Cells(5 + i - 1 - x(자료수 - 1), 5) = i
        Cells(5 + i - 1 - x(자료수 - 1), 6) = (A * i + B)
    Next

End Sub
```

VBA 프로그램 소스 (등비급수법)

```
Option Explicit

Private Sub CommandButton1_Click( )

    Dim 자료수 As Integer, n년후 As Integer
    Dim x(100) As Double, y(100) As Double
    Dim sx As Double, sy As Double, sxy As Double, sxx As Double
    Dim A As Double, B As Double
    Dim i As Integer

    sx = 0
    sy = 0
    sxy = 0
    sxx = 0
    Range("E5:F30") = ""

    '입력, 계산
    자료수 = Range("_자료수")
    n년후 = Range("_n년후")

    For i = 0 To 자료수 - 1
        x(i) = Cells(5 + i, 2)
        y(i) = Cells(5 + i, 3)
        sx = sx + x(i)
        sy = sy + Log(y(i))
        sxy = sxy + x(i) * Log(y(i))
        sxx = sxx + x(i) * x(i)
    Next

    A = (자료수 * sxy - sx * sy) / (자료수 * sxx - sx * sx)
    B = (sxx * sy - sx * sxy) / (자료수 * sxx - sx * sx)

    '계산, 출력
    For i = x(자료수 - 1) + 1 To x(자료수 - 1) + n년후
        Cells(5 + i - 1 - x(자료수 - 1), 5) = i
        Cells(5 + i - 1 - x(자료수 - 1), 6) = Exp(A * i + B)
    Next

End Sub
```

VBA 프로그램 소스 (지수곡선식)

```
Option Explicit

Private Sub CommandButton1_Click( )

    Dim 자료수 As Integer, n년후 As Integer
    Dim x(100) As Double, y(100) As Double
    Dim sx As Double, sy As Double, sxy As Double, sxx As Double
    Dim A As Double, B As Double
    Dim i As Integer

    sx = 0
    sy = 0
    sxy = 0
    sxx = 0
    Range("E5:F30") = ""

    '입력, 계산
    자료수 = Range("_자료수")
    n년후 = Range("_n년후")

    x(0) = Cells(5, 2)
    y(0) = Cells(5, 3)
    For i = 1 To 자료수 - 1
        x(i) = Cells(5 + i, 2)
        y(i) = Cells(5 + i, 3)
        sx = sx + Log(x(i))
        sy = sy + Log(y(i) - y(0))
        sxy = sxy + Log(x(i)) * Log(y(i) - y(0))
        sxx = sxx + Log(x(i)) * Log(x(i))
    Next

    A = (자료수 * sxy - sx * sy) / (자료수 * sxx - sx * sx)
    B = (sxx * sy - sx * sxy) / (자료수 * sxx - sx * sx)

    '계산, 출력
    For i = x(자료수 - 1) + 1 To x(자료수 - 1) + n년후
        Cells(5 + i - 1 - x(자료수 - 1), 5) = i
        Cells(5 + i - 1 - x(자료수 - 1), 6) = y(0) + Exp(A * Log(i) + B)
    Next

End Sub
```

VBA 프로그램 소스 (로지스틱곡선식)

```
Option Explicit

Private Sub CommandButton1_Click( )

    Dim 자료수 As Integer, n년후 As Integer
    Dim x(100) As Double, y(100) As Double
    Dim sx As Double, sy As Double, sxy As Double, sxx As Double
    Dim A As Double, B As Double
    Dim i As Integer
    Dim 포화인구 As Long

    sx = 0
    sy = 0
    sxy = 0
    sxx = 0
    Range("E5:F30") = ""

    '입력, 계산
    자료수 = Range("_자료수")
    n년후 = Range("_n년후")
    포화인구 = Range("_포화인구")

    For i = 0 To 자료수 - 1
        x(i) = Cells(5 + i, 2)
        y(i) = Cells(5 + i, 3)
        sx = sx + x(i)
        sy = sy + Log(포화인구 / y(i) - 1)
        sxy = sxy + x(i) * Log(포화인구 / y(i) - 1)
        sxx = sxx + x(i) * x(i)
    Next

    A = (자료수 * sxy - sx * sy) / (자료수 * sxx - sx * sx)
    B = (sxx * sy - sx * sxy) / (자료수 * sxx - sx * sx)

    '계산, 출력
    For i = x(자료수 - 1) + 1 To x(자료수 - 1) + n년후
        Cells(5 + i - 1 - x(자료수 - 1), 5) = i
        Cells(5 + i - 1 - x(자료수 - 1), 6) = 포화인구 / (1 + Exp(B + A * i))
    Next

End Sub
```

5.2 하수도 유량계산

하수도 시설은 오수배제(汚水排除) · 우수배제(雨水排除) · 펌프장 · 종말처리장 등의 각 시설을 말한다. 오수 · 우수 등은 배제방법에 따라서 합류식과 분류식으로 나눌 수 있으며, 합류식은 오수와 우수 양쪽을 1개의 관로로 배제하고, 분류식은 오수와 우수를 별도의 계통으로 배제하는 것을 말한다.

5.2.1 계획 오수량

계획 오수량에는 '계획 1일 최대 오수량', '계획 1일 평균 오수량', '계획 시간 최대 오수량'의 3종류가 있으며, 하수도시설계획 · 설계의 기본적인 량이다.

계획 1일 최대 오수량 Q_M

계획 1일 최대 오수량은 주로 처리장의 시설설계용으로 사용되며, 지역의 특성을 고려하여 다음 식으로 구한다.

계획 1일 최대 오수량 = 1인 1일 최대 오수량 × 계획인구 + 지하수량 + 공장폐수량

여기서, 1인 1일 최대 오수량은 실제로는 누수, 침투, 증발 등의 손실수량이지만 상수도의 급수량과 실용적으로 같은 것으로 보고 목표로 400~600l를 가정한다.

또한 지하수의 하수관으로의 유입은 피할 수 없으므로 1일 최대 오수량의 10~20% 정도를 지하수량으로 예상한다.

공장폐수량은 실측값이 바람직하지만 일반적으로 업종별 출하액이나 택지 면적당의 배수원단위를 기준으로 추정한다.

계획 1일 평균 오수량

년간 오수량을 365로 나눈 오수량을 계획 1일 평균 오수량이라 한다. 사용료 수입의 예측 등에 사용된다.

계획시간 최대 오수량 Q_P

계획시간 최대 오수량은 계획 1일 최대 오수량 발생일에 있어서 피크시의 1시간 오수량을 24시간으로 환산한 값으로 관거, 펌프장 등의 설계에 사용한다. 계획시간 최대 오수량의 산정방법은 배빗(Babbit)공식에 의한 방법이 있다.

$$Q_P = Q_M / 24 \times M$$

$$M = 5 \div P^{1/5}$$

$P < 1.0$ (인구 1,000명)일 때 $M = 5$

$P > 1000$(인구 100만 명)일 때 $M = 1.25$

여기서, Q_P : 계획시간 최대 오수량

Q_M : 계획 1일 최대 오수량

P : 천명단위의 인구

하수관거의 설계는 계획시간 최대 오수량을 기준으로 한다. 따라서 계획시간 최대 오수량에서 배수면적 1ha당의 단위오수량을 계산하여 각 관거의 배수면적을 곱하여 산정한다. 각 관거의 오수량 Q_S는 다음 식으로 산출한다.

$$Q_s = Q_{s0} \cdot A$$

여기서, Q_S : 오수량(m^3/sec)

Q_{S0} : 단위오수량(m³/sec · ha). $Q_{s0} = Q_P / A_T$

A : 각 관거의 배수면적 m(ha)

A_T : 계획구역의 배수면적 m(ha)

Q_M : 계획 1일 최대 오수량

P : 1000명 단위의 인구

총수량 Q_T는 다음 식으로 산출한다.

$$Q_T = Q_R + Q_S + Q_Z$$

여기서, Q_T : 총수량

Q_Z : 잔류수량(공장 등 사업소 배수, 합류식의 경우에 우수토(storm outfall) 후의 잔류수량)

Q_R : 우수량(합류식의 경우 5.2.2 참조)

5.2.2 계획 우수량

계획 우수량은 계획 우수량 산정식, 유출계수, 확률년도, 유달시간, 배수면적을 고려하여 산출하는 최대계획 우수량을 사용한다.

최대계획 우수량 산정식은 유달시간에 해당하는 강우지속시간을 갖는 최대강도의 비가 배수구역에 내리는 것으로 가정하여 다음에 나타내는 합리식에 의하여 산정하고 있다.

$$Q_R = \frac{1}{360} \cdot I \cdot C \cdot A$$

여기서, Q_R : 유출량(m^3/s)

I : 강우강도(mm/h)

C : 유출계수(총괄유출계수)

A : 배수면적(ha)

강우강도 I의 산정식으로는 탤벗(Talbot)식이 가장 넓게 사용되고 있는데, 본 책의 프로그램에서는 다음에 표시하는 4가지 식에서 선택할 수 있도록 하였다.

① Talbot형 : $I = \dfrac{a}{t+b}$

② Shaman형 : $I = \dfrac{a}{t^n}$

③ Kuno(久野) · Ishiguro(石黑)형 : $I = \dfrac{a}{\sqrt{t} \pm b}$

④ Cleveland형 : $I = \dfrac{a}{t^n + b}$

여기서, t : 강우지속시간(min)

t = 유입시간 + 유하시간

유입시간 : 우수가 배수구역의 최원점에서 하수관거에 유입할 때까지의 시간으로 경험적으로 5~10(min)

유하시간 : 하수관거에 유입된 우수가 현안지점까지 흘러가는 시간

a, b, c : 지역 · 확률년도에 의한 계수로 각 지역의 관측값으로 최소자승법에 의해 구해지는 값

유출계수 C는 강우량에 대한 하수관거에 유입되는 유수량의 비율로 다음 식(총괄유출계수)에 의하여 산정한다.

$$C = \sum_{i=1}^{m} C_i \cdot A_i \Big/ \sum_{i=1}^{m} A_i$$

여기서, C : 총괄유출계수

C_i : i공정의 기초유출계수(<표 5.2> 참조)

A_i : i공정의 총면적

m : 공정의 수

표 5.2 공종별 기초유출계수의 표준값

공정별	유출계수	공정별	유출계수
지붕	0.85~0.95	공지	0.10~0.30
노로	0.80~0.90	잔디, 수목이 많은 공원	0.05~0.25
기타 불투수면	0.75~0.85	경사가 완만한 습지	0.20~0.40
수면	1.00	경사가 급한 습지	0.40~0.60

출처 : 하수도 시설계획·설계지침과 해설, 일본하수도협회(2001)

또한 실용적으로는 <표 5.3>에 표시한 것과 같이 용도별 총괄유출계수의 표준 값이 주어져 있다.

표 5.3 용도별 총괄유출계수의 표준 값

용도	유출계수
택지 내에 공지가 매우 적은 상업지역이나 이와 유사한 주택지역	0.80
침투면이나 야외작업장 등의 공지를 약간 가진 공장지역이나 정원이 약간 있는 주택지역	0.65
주택공단단지 등의 중층주택단지나 단독주택이 많은 지역	0.50
정원이 많은 고급주택지역이나 논밭 등이 적당히 남아 있는 교외지역	0.30

출처 : 하수도 시설계획·설계지침과 해설, 일본하수도협회(2001)

5.2.3 관거의 유량 · 유속의 계산

암거단면의 계산에 사용되는 유량은 $Q = A \cdot V$로 나타내는데, 여기서의 유속계산에서는 매닝공식(Manning's formula) 혹은 쿠터공식(Kutter's formula)을 사용한다.

매닝식

$$V = \frac{1}{n} \cdot R^{2/3} \cdot I^{1/2}$$

쿠터식

$$V = \frac{23 + \frac{1}{n} + \frac{0.00155}{I}}{1 + \left(23 + \frac{0.00155}{I}\right) \cdot \frac{n}{\sqrt{R}}} \cdot \sqrt{RI}$$

여기서, Q : 유량(m^3/s)

A : 유수의 단면적(m^2)

V : 유속(m/s)

n : 조도계수

도관, 철근콘크리트암거 : 0.013이 표준

경질염화비닐관, 강화스티로폼복합관 : 0.010이 표준

R : 경심(m)

$R = A/S$

S : 윤변길이(유수에 접하는 면의 길이)

I : 관 경사

관거의 경사 I는 유속을 1.0~1.8m/s 정도의 범위로 보내는 것이 요구되지만, 일반적으로 유속은 하류로 갈수록 증가하기 때문에 경사는 하류로 갈수록 작아지도록 한다. 또한 유지관리상 최소 관지름은 오수관에서는 200mm, 우수관에서는 250mm로 하고 있다.

5.2.4 유량계산 프로그램

하수도의 계획에서는 관거의 평면배치가 결정되면 다음에 물이 흐르는 방향을 충분히 고려하여 각 관거가 담당하는 배수면적을 할당, 즉 구획을 나누는데, 배수구역의 면적이 넓어서 구획분할 수가 많으면 엄청난 작업이 된다. 여기에 계통을 변경하여 비교검토를 반복할 필요도 생긴다.

그 때문에 하수도 관거의 단면을 결정하기 위한 유량계산표 작성 프로그램을 엑셀로 작성하였다. 일반적인 방법으로 작성되었으며 합류식 및 분류식의 오수, 우수 단독으로도 계산이 가능하도록 되어 있다. 또, 수정이나 기능추가가 용이하도록 만들어져 있다.

프로그램에서 관거단면의 산정방법은 우선 단면과 경사를 가정하여 유속과 유량을 계산하는데 조건을 만족하지 않으면 다시 단면과 경사를 가정하여 조건이 만족할 때까지 반복한다.

<표 5.4>에 유량계산표 작성 프로그램의 사양 · 기본조건, <표 5.5>에 각 데이터의 설명 · 주의사항을 표시하였다. 표 중에 색칠된 부분이 입력데이터이다.

표 5.4 유량표의 기본조건

배제방식	합류식, 오수분류, 배수분류 중에서 선택
단위오수량	원단위 등에서 산정. 단위는 m^3/sec · ha
유출계수	대표적인 유출계수
강우강도공식	탤벗형, 샤먼형, Kuno · Ishiguro형, 클리블랜드형에서 선택하여 a, b, n의 계수를 각 식에 따라 입력
유입시간	일반적으로 5~10분을 적용한다. 단위는 min
평균유속공식	매닝공식, 쿠터공식 중에서 선택
조도계수	대표적인 조도계수
단면여유율	단위는 %
최소 관지름	일반적으로 오수관 : 200mm, 우수관 : 250mm
최소 관지름 경사	단위는 퍼밀(permillage)(‰)

표 5.5 유량표의 각 데이터

<table>
<tr><td colspan="2">관 기호</td><td>각 선의 기호를 순서대로 기입</td></tr>
<tr><td colspan="2">합류점 관 기호</td><td>합류점에 있어서 합류선의 관 기호를 기입</td></tr>
<tr><td colspan="2">유출계수</td><td>각 구획의 유출계수(<표 5.4>의 값과 다른 경우만 기입)</td></tr>
<tr><td colspan="2">단위오수량</td><td>1ha당의 오수량(<표 5.4>의 값과 다른 경우만 기입)</td></tr>
<tr><td rowspan="3">배수면적</td><td>각 선</td><td>각 선의 면적. 단위는 ha</td></tr>
<tr><td>체증</td><td>그 계통의 누가면적. 단위는 ha</td></tr>
<tr><td>환산 체증</td><td>유출계수를 고려한 누가면적. 단위는 ha</td></tr>
<tr><td rowspan="2">관 연장</td><td>각 선</td><td>각 선의 연장. 단위는 m</td></tr>
<tr><td>최장</td><td>그 구획의 하류단에서 상류부의 가장 먼 구획까지의 연장</td></tr>
<tr><td colspan="2">조도계수</td><td>각 관거의 조도계수(<표 5.4>의 값과 다른 경우만 기입)</td></tr>
<tr><td colspan="2">각 선 유하시간</td><td>각 선의 유하시간(관길이/가정한 유속)</td></tr>
</table>

(계속)

표 5.5 유량표의 각 데이터

항목		내용
최장 유달시간		가장 긴 노선에 의한 각 유하시간의 누계
우수량	1ha당 우수량	합리식에 의한다.
	우수량	우수량 = 1ha당 우수량 × 환산체증면적
오수량		오수량 = 단위오수량 × 체증면적
잔류수량		공장배수 및 합류식에서의 분수구(storm overflow) 후의 잔류수량
총수량		총수량 = 우수량 + 오수량 + 잔류수량
지정단면		계산에 의하지 않고 지정하는 경우에 기입
지정경사		계산에 의하지 않고 지정하는 경우에 기입
단면		원형단면, 만관유량으로 한다. • 관경의 증가 - 200~500은 50mm씩 증가 - 500~1200은 100mm씩 증가 - 1200~1800은 150mm씩 증가 - 1800~3000은 200mm씩 증가 - 3000 이상은 250mm씩 증가
경사		하류로 갈수록 종구배를 작게 한다.
유속		하류로 갈수록 유속을 점점 증가시킨다.
		최소유속은 오수관 : 0.6m/sec, 우수관 : 0.8m/sec
		최대유속은 오수관과 우수관 모두 3m/sec 이하로 한다.
유량		총수량에 대하여 <표 5.4>에서 지정한 단면여유율 이상의 여유를 갖는다.

Excel 예제 5.2 유량표의 작성

〈그림 5.1〉과 같이 관거 계통 모델도에 표시한 데이터로 유량계산표를 작성한다.

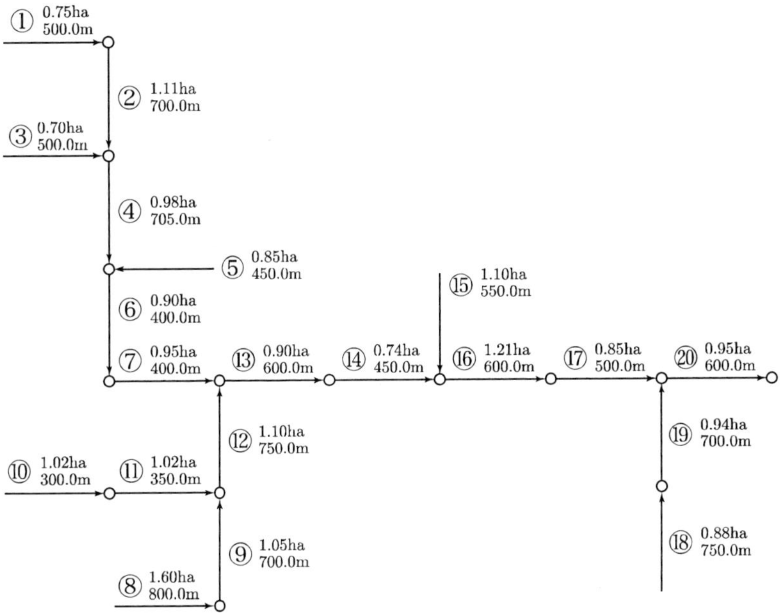

※ 그림 중에 ○는 관거의 번호이고, 숫자는 집수면적(ha)과 관 길이(m)이다.

그림 5.1 관거 계통 모델도

VBA (실행결과 예)

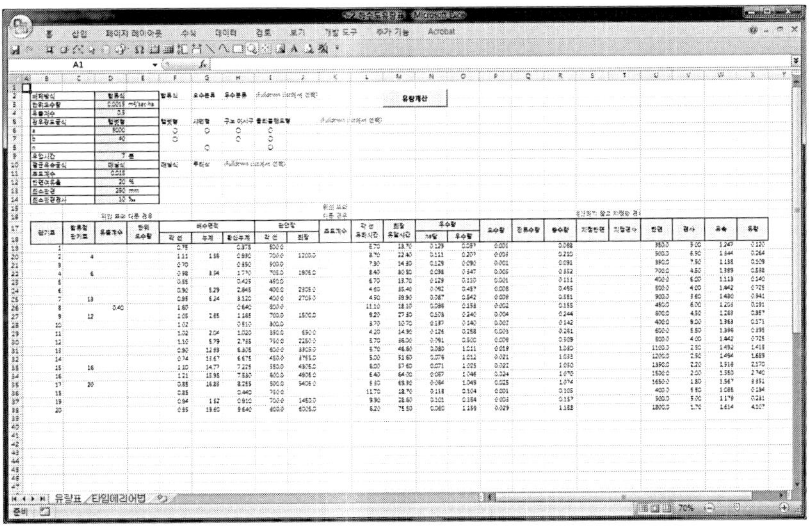

관기호	합류점 관기호	유출계수	단위 오수량	배수면적			관연장		조도계수	각 선 유하시간	최장 유달시간	우수량	
				각 선	누계	환산누계	각 선	최장				ha당	우수량
1				0.75		0.375	500.0			6.70	13.70	0.129	0.097
2	4			1.11	1.86	0.930	700.0	1200.0		8.70	22.40	0.111	0.207
3				0.70		0.350	500.0			7.30	14.30	0.129	0.090
4	6			0.98	3.54	1.770	705.0	1905.0		8.40	30.80	0.098	0.347
5				0.85		0.425	450.0			6.70	13.70	0.129	0.110
6				0.90	5.29	2.645	400.0	2305.0		4.60	35.40	0.092	0.487
7	13			0.95	6.24	3.120	400.0	2705.0		4.50	39.90	0.087	0.542
8		0.40		1.60		0.640	800.0			11.10	18.10	0.096	0.153
9	12			1.05	2.65	1.165	700.0	1500.0		9.20	27.30	0.103	0.240
10				1.02		0.510	300.0			3.70	10.70	0.137	0.140
11				1.02	2.04	1.020	350.0	650.0		4.20	14.90	0.126	0.258
12				1.10	5.79	2.735	750.0	2250.0		8.70	36.00	0.091	0.500
13				0.90	12.93	6.305	600.0	3305.0		6.70	46.60	0.080	1.011
14				0.74	13.67	6.675	450.0	3755.0		5.00	51.60	0.076	1.012
15	16			1.10	14.77	7.225	550.0	4305.0		6.00	57.60	0.071	1.028
16				1.21	15.98	7.830	600.0	4905.0		6.40	64.00	0.067	1.046
17	20			0.85	16.83	8.255	500.0	5405.0		5.30	69.30	0.064	1.049
18				0.88		0.440	750.0			11.70	18.70	0.118	0.104
19				0.94	1.82	0.910	700.0	1450.0		9.90	28.60	0.101	0.184
20				0.95	19.60	9.640	600.0	6005.0		6.20	75.50	0.060	1.159

오수량	잔류수량	총수량	지정단면	지정경사	단면	경사	유속	유량
0.001		0.098			350.0	9.00	1.247	0.120
0.003		0.210			500.0	6.50	1.344	0.264
0.001		0.091			350.0	7.50	1.138	0.109
0.005		0.352			700.0	4.50	1.399	0.538
0.001		0.111			400.0	6.00	1.113	0.140
0.008		0.495			800.0	4.00	1.442	0.725
0.009		0.551			900.0	3.60	1.480	0.941
0.002		0.155			450.0	6.00	1.203	0.191
0.004		0.244			600.0	4.50	1.263	0.357
0.002		0.142			400.0	9.00	1.363	0.171
0.003		0.261			600.0	5.50	1.396	0.395
0.009		0.509			[illegible]	4.00	1.442	0.725
0.019		1.030			1100.0	2.80	1.492	1.418
0.021		1.033			1200.0	2.50	1.494	1.689
0.022		1.050			1350.0	2.20	1.516	2.170
0.024		1.070			1500.0	2.00	1.550	2.740
0.025		1.074			1650.0	1.80	1.567	3.351
0.001		0.105			400.0	5.50	1.065	0.134
0.003		0.187			500.0	5.00	1.179	0.231
0.029		1.188			1800.0	1.70	1.614	4.107

그림 5.2 실행결과 예의 확대

VBA 프로그램 소스 (유량표)

```
Option Explicit
Option Base 1

Const PI As Double = 3.141592

'입력
Dim 강우강도공식_정수_A As Double, 강우강도공식_정수_B As Double
Dim 강우강도공식_정수_N As Double
Dim 유입시간 As Double, 단위오수량 As Double, 조도계수 As Double
```

```
Dim 단면의여유율 As Double, 최소관경 As Double, 최소관경의경사 As Double
Dim 배제방식 As String, 강우강도공식 As String, 평균유속공식 As String
Dim 구획수 As Integer
Dim 관기호( ) As String, 합류점관기호( ) As String
Dim 구획유출계수( ) As Double, 구획단위오수량( ) As Double
Dim 면적( ) As Double, 관연장( ) As Double, 구획조도계수( ) As Double
Dim 지정단면( ) As Double, 지정경사( ) As Double, 잔류수량( ) As Double

'출력
Dim 누계면적( ) As Double, 최장관연장( ) As Double, 관경( ) As Double
Dim 환산누계면적_우수( ) As Double, 환산누계면적_오수( ) As Double
Dim 경사( ) As Double, 유하시간( ) As Double, 유달시간( ) As Double
Dim 누계유하시간( ) As Double, 유속( ) As Double, 유량( ) As Double
Dim 단위우수유출량( ) As Double, 우수유출량( ) As Double
Dim 오수유출량( ) As Double, 총수량( ) As Double

Public Sub 하수도유량계산( )

    Call 데이터입력
    Call 유량계산
    Call 결과출력

End Sub

Public Sub 타임에리어법계산( )

    Call 데이터입력
    Call 유량계산
    Call 유달면적계산
    Call 결과출력

End Sub

Private Sub 유량계산( )

    Dim 최소관경의유수단면 As Double, 최소관경의경심 As Double
    Dim 최소관경의유속 As Double, 최소관경의유량 As Double
    Dim I As Integer, J As Integer

    최소관경의유수단면 = PI * (최소관경 / 2000) ^ 2
    최소관경의경심 = 최소관경 / 4000
    최소관경의유속 = 유속계산(최소관경의경심, 최소관경의경사, 조도계수)
    최소관경의유량 = 최소관경의유속 * 최소관경의유수단면

    ReDim 누계면적(구획수), 최장관연장(구획수), 관경(구획수), 경사(구획수)
    ReDim 환산누계면적_우수(구획수), 환산누계면적_오수(구획수)
```

```
ReDim 유하시간(구획수), 유달시간(구획수), 누계유하시간(구획수)
ReDim 유속(구획수), 유량(구획수), 단위우수유출량(구획수)
ReDim 우수유출량(구획수), 오수유출량(구획수), 총수량(구획수)

Dim 상류관유속 As Double, 상류관경사 As Double
Dim 신관경의유수단면 As Double, 신관경의경심 As Double

For I = 1 To 구획수
    유속(I) = 최소관경의유속
    유량(I) = 최소관경의유량
    누계면적(I) = 면적(I)
    최장관연장(I) = 0
    관경(I) = 최소관경
    경사(I) = 최소관경의경사
    상류관유속 = 최소관경의유속
    상류관경사 = 최소관경의경사
    '우수환산
    If 배제방식 <> "오수분류" Then
        환산누계면적_우수(I) = Round(면적(I) * 구획유출계수(I), 3)
        유하시간(I) = Round(관연장(I) / 유속(I) / 60, 1)
    Else
        환산누계면적_우수(I) = 0
        유하시간(I) = 0
    End If
    누계유하시간(I) = 0
    '오수환산
    If 배제방식 <> "우수분류" Then
        환산누계면적_오수(I) = _
                Round(면적(I) * 구획단위오수량(I) / 단위오수량, 2)
    Else
        환산누계면적_오수(I) = 0
    End If
    '상류구획찾기
    For J = 1 To I - 1
        If 관기호(I) = 합류점관기호(J) Then
            누계면적(I) = 누계면적(I) + 누계면적(J)
            환산누계면적_우수(I) = 환산누계면적_우수(I) _
                    + 환산누계면적_우수(J)
            환산누계면적_오수(I) = 환산누계면적_오수(I) _
                    + 환산누계면적_오수(J)
            잔류수량(I) = 잔류수량(I) + 잔류수량(J)
            If 최장관연장(I) < 최장관연장(J) Then
                최장관연장(I) = 최장관연장(J)
                누계유하시간(I) = 누계유하시간(J)
            End If
```

```
            If 유량(I) < 유량(J) Then
                유량(I) = 유량(J)
                관경(I) = 관경(J)
                유속(I) = 유속(J)
                경사(I) = 경사(J)
                상류관유속 = 유속(J)
                상류관경사 = 경사(J)
            End If
        End If
    Next J
    최장관연장(I) = 최장관연장(I) + 관연장(I)
    '유출량
    If 배제방식 <> "오수분류" Then
        유달시간(I) = 누계유하시간(I) + 유하시간(I) + 유입시간
        우수유출량(I) = Round(환산누계면적_우수(I) * 강우강도(유달시간(I)) / 360, 3)
        단위우수유출량(I) = _
            Round(우수유출량(I) / 환산누계면적_우수(I) * 구획유출계수(I), 3)
    Else
        우수유출량(I) = 0
    End If
    If 배제방식 <> "우수분류" Then
        오수유출량(I) = Round(단위오수량 * 환산누계면적_오수(I), 3)
        If 오수유출량(I) < 0.001 Then 오수유출량(I) = 0.001
    Else
        오수유출량(I) = 0
    End If

    총수량(I) = 우수유출량(I) + 오수유출량(I) + 잔류수량(I)

    If 지정단면(I) > 0 Or 지정경사(I) > 0 Then
        If 지정단면(I) > 0 Then
            관경(I) = 지정단면(I)
        End If
        신관경의유수단면 = PI * (관경(I) / 2000) ^ 2
        신관경의경심 = 관경(I) / 4000
        If 지정경사(I) > 0 Then
            경사(I) = 지정경사(I)
        Else
            경사(I) = Round(((총수량(I) * 단면의여유율 * 구획조도계수(I)) _
                / (신관경의유수단면 * 신관경의경심 ^ (2 / 3))) ^ 2, 3)
        End If
        유속(I) = 유속계산(신관경의경심, 경사(I), 구획조도계수(I))
        유량(I) = 유속(I) * 신관경의유수단면
    End If
    '단면
    If 유량(I) < 총수량(I) * 단면의여유율 Or 유속(I) <= 상류관유속 Then
```

```
    If 지정단면(I) > 0 Then GoTo 유속유량을계산
관경을 크게:
            Select Case 관경(I)
                Case Is < 500
                    관경(I) = 관경(I) + 50
                Case Is < 1200
                    관경(I) = 관경(I) + 100
                Case Is < 1800
                    관경(I) = 관경(I) + 150
                Case Is < 3000
                    관경(I) = 관경(I) + 200
                Case Else
                    관경(I) = 관경(I) + 250
            End Select
            신관경의유수단면 = PI * (관경(I) / 2000) ^ 2
            신관경의경심 = 관경(I) / 4000
            If 지정경사(I) > 0 And 지정경사(I) < 상류관경사 Then
                경사(I) = 지정경사(I)
            Else
                경사(I) = Round(((총수량(I) * 단면의여유율 * 구획조도계수(I)) _
                    / (신관경의유수단면 * 신관경의경심 ^ (2 / 3))) ^ 2, 3)
            End If

유속유량을계산:
            유속(I) = 유속계산(신관경의경심, 경사(I), 구획조도계수(I))
            유량(I) = 유속(I) * 신관경의유수단면

            If 유량(I) < 총수량(I) * 단면의여유율 Or 유속(I) <= 상류관유속 Then
                Select Case 경사(I)
                    Case Is < 0.003
                        경사(I) = 경사(I) + 0.0001
                    Case Is < 0.009
                        경사(I) = 경사(I) + 0.0005
                    Case Is < 0.015
                        경사(I) = 경사(I) + 0.001
                    Case Else
                        경사(I) = 경사(I) + 0.005
                End Select
                If 경사(I) >= 상류관경사 Then
                    GoTo 관경을크게
                Else
                    GoTo 유속유량을계산
                End If
            ElseIf 유속(I) > 1.4 * 상류관유속 Or 유속(I) >= 3 Then
                GoTo 관경을크게
            ElseIf 배제방식 <> "오수분류" Then
```

```
                유달시간(I) = 누계유하시간(I) + 유하시간(I) + 유입시간
                우수유출량(I) = Round(환산누계면적_우수(I) * 강우강도(유달시간(I)) / 360, 3)
                단위우수유출량(I) = _
                    Round(우수유출량(I) / 환산누계면적_우수(I) * 구획유출계수(I), 3)
                총수량(I) = 우수유출량(I) + 오수유출량(I) + 잔류수량(I)
                If 유량(I) < 총수량(I) * 단면의여유율 Then GoTo 유속유량을계산
            End If
        End If
        누계유하시간(I) = 누계유하시간(I) + 유하시간(I)
    Next I

End Sub

Private Function 강우강도(유달시간 As Double) As Double

    Select Case 강우강도공식
        Case "탤벗형"
            강우강도 = 강우강도공식_정수_A _
                    / (유달시간 + 강우강도공식_정수_B)
        Case "샤먼형"
            강우강도 = 강우강도공식_정수_A _
                    / (유달시간 ^ 강우강도공식_정수_N)
        Case "구노·이시구로형"
            강우강도 = 강우강도공식_정수_A _
                    / (유달시간 ^ 0.5 + 강우강도공식_정수_B)
        Case "클리블랜드형"
            강우강도 = 강우강도공식_정수_A _
                    / (유달시간 ^ 강우강도공식_정수_N + 강우강도공식_정수_B)
        Case Else
            MsgBox "평균유속공식을 선택하여 주십시오.", vbExclamation + vbOKOnly
            End
            Exit Function
    End Select

End Function

Private Function 유속계산(경심 As Double, 경사 As Double, _
        조도계수 As Double) As Double

    Select Case 평균유속공식
        Case "매닝식"
            유속계산 = 경심 ^ (2 / 3) * 경사 ^ 0.5 / 조도계수
        Case "쿠터식"
            유속계산 = (23 + 1 / 조도계수 + 0.00155 / 경사) _
                        / (1 + (23 + 0.00155 / 경사) * 조도계수 / Sqr(경심)) _
                        * Sqr(경심 * 경사)
```

```
        Case Else
            MsgBox "유속계산에 사용하는 유속공식을 선택하여 주십시오." _
                    , vbExclamation + vbOKOnly
            End
    End Select

End Function

Private Sub 데이터입력( )

    Dim I As Integer
    Dim 유출계수 As Double

    배제방식 = Range("_배제방식")
    단위오수량 = Range("_단위오수량")
    유출계수 = Range("_유출계수")
    강우강도공식 = Range("_강우강도공식")
    강우강도공식_정수_A = Range("_강우강도공식_정수_A")
    강우강도공식_정수_B = Range("_강우강도공식_정수_B")
    강우강도공식_정수_N = Range("_강우강도공식_정수_N")
    유입시간 = Range("_유입시간")
    평균유속공식 = Range("_평균유속공식")
    조도계수 = Range("_조도계수")
    단면의여유율 = 1 + Range("_단면의여유율") / 100
    최소관경 = Range("_최소관경")
    최소관경의경사 = Range("_최소관경의경사") / 1000

    구획수 = 0
    Do Until IsEmpty(Range("_관기호").Offset(구획수 + 1, 0))
        구획수 = 구획수 + 1
        ReDim Preserve 관기호(구획수), 합류점관기호(구획수)
        ReDim Preserve 구획유출계수(구획수), 구획단위오수량(구획수)
        ReDim Preserve 면적(구획수), 관연장(구획수), 구획조도계수(구획수)
        ReDim Preserve 잔류수량(구획수), 지정단면(구획수), 지정경사(구획수)
        관기호(구획수) = Range("_관기호").Offset(구획수, 0)
        합류점관기호(구획수) = Range("_합류점관기호").Offset(구획수, 0)
        구획유출계수(구획수) = Range("_구획유출계수").Offset(구획수, 0)
        If 구획유출계수(구획수) = 0 Then 구획유출계수(구획수) = 유출계수
        구획단위오수량(구획수) = Range("_구획단위오수량").Offset(구획수, 0)
        If 구획단위오수량(구획수) = 0 Then 구획단위오수량(구획수) = 단위오수량
        면적(구획수) = Range("_면적").Offset(구획수, 0)
        관연장(구획수) = Range("_관연장").Offset(구획수, 0)
        구획조도계수(구획수) = Range("_구획조도계수").Offset(구획수, 0)
        If 구획조도계수(구획수) = 0 Then 구획조도계수(구획수) = 조도계수
        잔류수량(구획수) = Range("_잔류수량").Offset(구획수, 0)
        지정단면(구획수) = Range("_지정단면").Offset(구획수, 0)
```

```
        지정경사(구획수) = Range("_지정경사").Offset(구획수, 0) / 1000
    Loop
    For I = 2 To 구획수
        If 합류점관기호(I - 1) = "" Then 합류점관기호(I - 1) = 관기호(I)
    Next I

End Sub

Private Sub 결과출력( )

    Dim I As Integer

    For I = 1 To 구획수
        If 면적(I) <> 누계면적(I) Then
            Range("_누계면적").Offset(I, 0) = 누계면적(I)
        Else
            Range("_누계면적").Offset(I, 0) = ""
        End If
        If 환산누계면적_우수(I) <> 누계면적(I) And 배제방식 <> "오수분류" Then
            Range("_환산누계면적_우수").Offset(I, 0) = 환산누계면적_우수(I)
        Else
            Range("_환산누계면적_우수").Offset(I, 0) = ""
        End If
        If 관연장(I) <> 최장관연장(I) Then
            Range("_최장관연장").Offset(I, 0) = 최장관연장(I)
        Else
            Range("_최장관연장").Offset(I, 0) = ""
        End If
        Range("_유하시간").Offset(I, 0) = 유하시간(I)
        Range("_유달시간").Offset(I, 0) = 유달시간(I)
        Range("_단위우수량").Offset(I, 0) = 단위우수유출량(I)
        Range("_우수량").Offset(I, 0) = 우수유출량(I)
        Range("_오수량").Offset(I, 0) = 오수유출량(I)
        Range("_총수량").Offset(I, 0) = 총수량(I)
        Range("_단면").Offset(I, 0) = 관경(I)
        Range("_경사").Offset(I, 0) = 경사(I) * 1000
        Range("_유속").Offset(I, 0) = 유속(I)
        Range("_유량").Offset(I, 0) = 유량(I)
    Next I

End Sub

Private Sub 유달면적계산( )

    Dim 상한유달시간 As Double, 하한유달시간 As Double, 합계 As Double
    Dim 유달면적( ) As Double, 계산시간 As Double
```

```
Dim 시간간격 As Double, 계산수 As Integer
Dim Row As Integer, I As Integer, J As Integer, 구획번호 As Integer

If 배제방식 = "오수분류" Then
    MsgBox "오수분류계산에서는 타임에리어법을 계산할 수 없습니다."
    Exit Sub
End If

하한유달시간 = 0
시간간격 = Range("_시간간격")
계산수 = Fix(Range("_계산시간") / 시간간격)

ReDim R(계산수), 빗물량(계산수)
Dim ZK, K

'빗물량(중앙분포)
ZK = 0
For I = 1 To 계산수
    K = 강우강도(I * 시간간격)
    R(I) = K * I - ZK
    ZK = K * I
Next
For I = 1 To 계산수 Step 2
    빗물량(Fix((계산수 + 1) / 2) - (I - 1) / 2) = R(I)
Next
For I = 2 To 계산수 Step 2
    빗물량(Fix((계산수 + 1) / 2) + 1 + (I - 2) / 2) = R(I)
Next
'면적유량계산
For Row = 1 To 계산수
    ReDim Preserve 유달면적(Row)
    상한유달시간 = 하한유달시간 + 시간간격
    Range("_지정유달시간").Offset(Row, 0) = 상한유달시간
    Range("_시간").Offset(Row, 0) = 상한유달시간
    Range("_빗물량").Offset(Row, 0) = 빗물량(Row)
    유달면적(Row) = 0
    For I = 1 To 구획수
        계산시간 = 유입시간
        구획번호 = I
        Do
            계산시간 = 계산시간 + 유하시간(구획번호)
            For J = I + 1 To 구획수
                If 관기호(J) = 합류점관기호(구획번호) Then
                    Exit For
                End If
```

```
            구획번호 = J
        Loop While 구획번호 <= 구획수
        If 하한유달시간 < 계산시간 And 계산시간 <= 상한유달시간 Then
            유달면적(Row) = 유달면적(Row) + 면적(I) * 구획유출계수(I)
        End If
    Next I
    Range("_유달면적").Offset(Row, 0) = 유달면적(Row)
    합계 = 0
    For I = 1 To Row
        합계 = 합계 + 빗물량(I) * 유달면적(Row - I + 1)
    Next I
    Range("_유달유량").Offset(Row, 0) = 합계 / 360
    하한유달시간 = 상한유달시간
Next Row

End Sub
```

5.3 회귀분석(최소자승법)

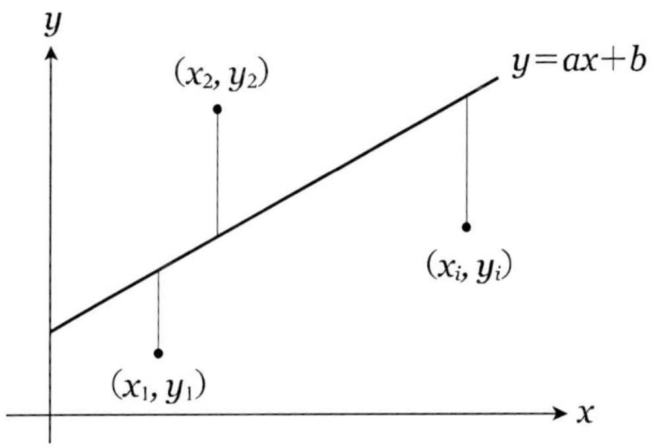

그림 5.3 직선회귀

'5.1 계획인구의 추정'에서 사용한 최소자승법(회귀분석)은 <그림 5.3>에 표시한 것과 같이 복수의 데이터(x_i, y_i)가 있을 때, x, y의 상관관계를 조사하는 방법이다.

예를 들면 구하는 상관관계(회귀직선)의 식을 다음과 같이 하면,

$$y = ax + b$$

각각의 데이터에서 y축과 회귀직선과의 차이는 다음과 같이 나타낸다.

$$|ax_i + b - y_i|$$

이 차이(오차) 제곱합이 최소가 되도록 a, b의 최확값을 산정한다. 이와 같은 방법을 최소자승법(method of least squares)이라 하는데 a, b의 값은 다음 식으로 구해진다.

$$a = \frac{\Sigma(x_i - \bar{x})(y_i - \bar{y})}{\Sigma(x_i - \bar{x})^2} = \frac{\Sigma x_i y_i - (\Sigma x_i \cdot \Sigma y_i)/n}{\Sigma x_i^2 - (\Sigma x_i)^2/n}$$

$$b = \bar{y} - a\bar{x} = (\Sigma y_i - a\Sigma x_i)/n$$

위의 식을 변형하여 정리하면 다음 식과 같이 된다.

$$a = \frac{n\Sigma x_i y_i - \Sigma x_i \cdot \Sigma y_i}{n\Sigma x_i^2 - (\Sigma x_i)^2}$$

$$b = \frac{\Sigma x_i^2 \Sigma y_i - \Sigma x_i \cdot \Sigma x_i y_i}{n\Sigma x_i^2 - (\Sigma x_i)^2}$$

여기서, $\bar{x}$: x의 평균

$\bar{y}$: y의 평균

Σx_i : x의 총합계

Σy_i : y의 총합계

Σx_i^2 : x 제곱의 총합계

$\Sigma x_i y_i$: y 제곱의 총합계

또, 회귀분석에 의하여 산출한 값의 정확성을 나타내는 상관계수 r이 사용된다. 상관계수 r은

$$W_1 = \Sigma(x_i - \bar{x})(y_i - \bar{y}) = \Sigma x_i y_i - (\Sigma x_i \cdot \Sigma y_i)/n$$
$$W_2 = \Sigma(x_i - \bar{x})^2 = \Sigma x_i^2 - (\Sigma x_i)^2/n$$
$$W_3 = \Sigma(y_i - \bar{y})^2 = \Sigma y_i^2 - (\Sigma y_i)^2/n$$

Σy_i^2 : y 제곱의 총합계

로 두면 다음 식으로 나타낼 수 있다.

$$r = \frac{W_1}{\sqrt{W_2}\sqrt{W_3}}$$

r은 0에서 1의 범위에 있는데 0에 가까우면 상관은 낮고, $|r| \geq 0.5$이면 상관이 높다고 할 수 있다. 또한 a의 값은 W_1/W_2로 나타낼 수 있다.

Excel 예제 5.3	직선회귀(최소자승법)
저판 위에 연직압력과 성토높이의 관계를 측정한 아래의 표에 있는 데이터에 있어서, 상관관계를 회귀직선 식 $y = ax + b$로 검토하고 상관계수를 산정한다.	

표 5.6 연직압력 측정값

성토높이(m)	저판 위의 연직압력(kN/m^2)	성토높이(m)	저판 위의 연직압력(kN/m^2)
0.1	20	2.4	128
0.9	24	2.7	145
1.3	69	3.1	166
1.6	81	3.3	172
1.8	102	3.7	180
2.2	104	4.1	172

VBA (실행결과 예)

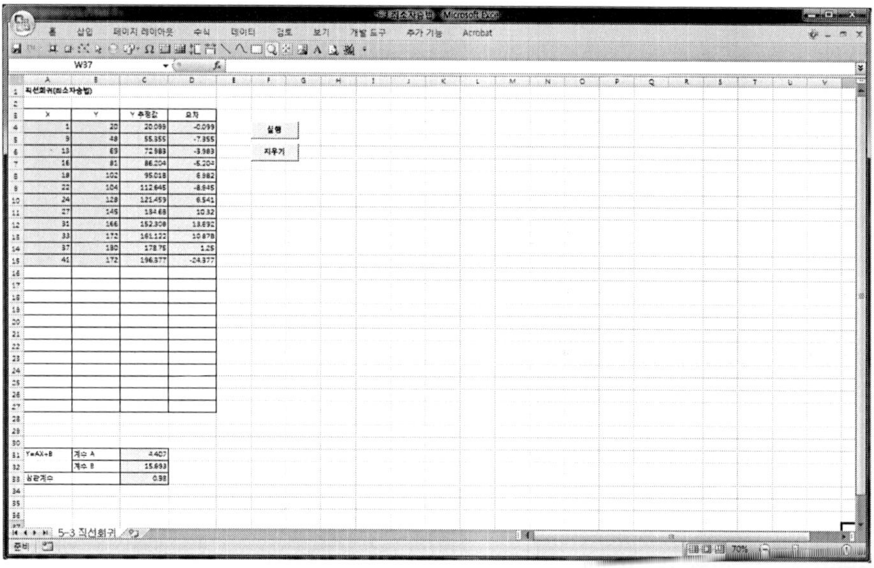

VBA 프로그램 소스

```
Option Explicit

Sub CMD실행_Click( )

    Dim X( ) As Double
    Dim Y( ) As Double
    Dim Y추정값( ) As Double
    Dim 오차( ) As Double
    Dim 회귀계수A As Double
    Dim 회귀계수B As Double
    Dim 상관계수 As Double
    Dim 좌표수 As Integer
    Dim I As Integer

    Range("C4:D30") = ""

    '좌표수 Count
    좌표수 = 0
```

```
    Do Until IsEmpty(Range("_X").Offset(좌표수, 0))
        좌표수 = 좌표수 + 1
    Loop
    ReDim X(1 To 좌표수)
    ReDim Y(1 To 좌표수)
    ReDim Y추정값(1 To 좌표수)
    ReDim 오차(1 To 좌표수)

    '입력
    For I = 1 To 좌표수
        X(I) = Range("_X").Offset(I - 1, 0)
        Y(I) = Range("_Y").Offset(I - 1, 0)
    Next

    Call 계산_회귀계수(X( ), Y( ), 회귀계수A, 회귀계수B, 상관계수)
    Call 계산_오차계산(X( ), Y( ), 회귀계수A, 회귀계수B, Y추정값( ), 오차( ))

    '출력
    For I = 1 To 좌표수
        Range("_Y추정값").Offset(I - 1, 0) = Round(Y추정값(I), 3)
        Range("_오차").Offset(I - 1, 0) = Round(오차(I), 3)
    Next
    Range("_회귀계수A") = Round(회귀계수A, 3)
    Range("_회귀계수B") = Round(회귀계수B, 3)
    Range("_상관계수") = Round(상관계수, 3)

End Sub

Sub 계산_회귀계수(X( ) As Double, _
                  Y( ) As Double, _
                  회귀계수A As Double, _
                  회귀계수B As Double, _
                  상관계수 As Double)

    Dim SigmaX As Double
    Dim SigmaX2 As Double
    Dim SigmaY As Double
    Dim SigmaY2 As Double
    Dim SigmaXY As Double
    Dim W1 As Double, W2 As Double, W3 As Double '작업변수
    Dim 좌표수 As Integer
    Dim I As Integer

    좌표수 = UBound(X)
    SigmaX = 0
    SigmaX2 = 0
    SigmaY = 0
```

```
    SigmaY2 = 0
    SigmaXY = 0
    For I = 1 To 좌표수
        SigmaX = SigmaX + X(I)
        SigmaX2 = SigmaX2 + X(I) ^ 2
        SigmaY = SigmaY + Y(I)
        SigmaY2 = SigmaY2 + Y(I) ^ 2
        SigmaXY = SigmaXY + X(I) * Y(I)
    Next
    W1 = SigmaXY - (SigmaX * SigmaY) / 좌표수
    W2 = SigmaX2 - (SigmaX ^ 2) / 좌표수
    W3 = SigmaY2 - (SigmaY ^ 2) / 좌표수
    회귀계수A = W1 / W2
    회귀계수B = (SigmaY - 회귀계수A * SigmaX) / 좌표수
    상관계수 = W1 / (Sqr(W2) * Sqr(W3))

End Sub

Sub 계산_오차계산(X( ) As Double, _
                Y( ) As Double, _
                회귀계수A As Double, _
                회귀계수B As Double, _
                Y추정값( ) As Double, _
                오차( ) As Double)
    Dim 좌표수 As Integer
    Dim I As Integer

    좌표수 = UBound(X)
    For I = 1 To 좌표수
        Y추정값(I) = 회귀계수B + 회귀계수A * X(I)
        오차(I) = Y(I) - Y추정값(I)
    Next

End Sub

Private Sub 지우기_Click( )
    Range("A4:D27") = ""
    Range("C31:C33") = ""
End Sub
```

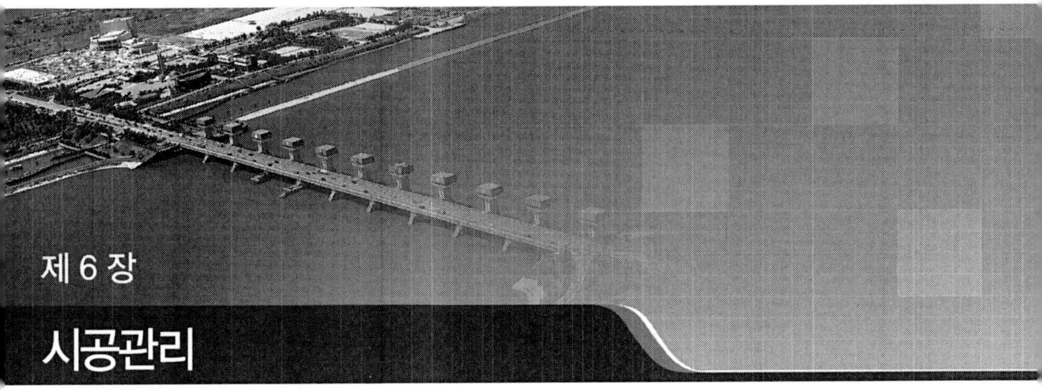

제 6 장

시공관리

6.1 공정관리(Network 공정표)

6.1.1 공정관리의 작성 룰

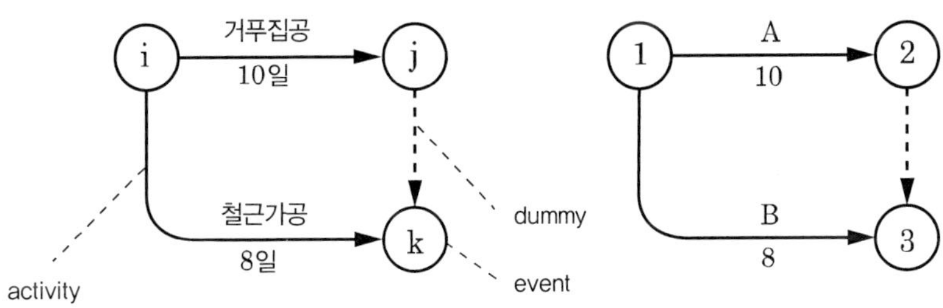

그림 6.1 네트워크 공정표의 명칭

activity(작업)

- 작업은 화살표(activity)로 표시한다.
- 화살표는 왼쪽에서 오른쪽 방향으로 향해서 그린다.
- activity는 작업 등의 시간을 필요로 하는 활동을 의미한다.
- 화살표의 길이는 시간과는 상관없이 임의의 형태로 그린다.
- 동일한 activity를 2개 이상 그리지 않는다.
- 어느 작업이 완료되지 않아도 다른 작업이 시작되는 경우는 작업을 분할한다.
- 동일 event에서 시작하여 동일 event에서 종료하는 activity는 2 이상 있어서는 안 된다.

event(결합점 : node)

- activity와 activity의 결합점을 ○으로 표시한다.
- 작업의 순서에 따라서 ○의 안에 번호를 붙인다.
- 같은 번호가 2개 이상 있으면 안 된다.
- activity의 진행방향을 분별하기 위하여 $i<j$로 한다.
- 같은 event를 2회 이상 통과하지 않는다. 즉, cycle이 있어서는 안 된다.

dummy(유사작업)

- 유사작업에서 각 activity의 상호관계를 표시한다.
- 점선의 화살표로 표시한다.
- dummy의 소요시간은 0이다.
- event의 조건은 activity의 경우와 동일하다.

실제의 Network 공정표에서는 <그림 6.1>(오른쪽)과 같이 작업명은 화살표의 위에 A, B, C, …, 작업일수는 화살표의 아래에 2, 4, 6, …, event번호는 1에서 2, 3, …과 같이 기입한다.

6.1.2 결합점시각과 작업시각

(1) 결합점시각

결합점시각(event time)은 Network의 시작이벤트를 0으로 하였을 때의 각 이벤트에 도달하는 시각이며, 최조결합점시각(Earliest event Time : *ET*), 최지결합점시각(Latest event Time : *LT*) 2개가 있다.

최조결합점시각 : ET_i

임의의 이벤트에서 시작할 수 있는 가장 빠른 시각을 최조결합점시각이라 한다. 그 이벤트에 들어 있는 작업이 전부 완료되지 않으면 시작할 수 없으므로 그 최댓값을 구한다. 즉, 시간적으로 가장 긴 경로를 구한다.

최지결합점시각 : LT_i

공기에서 역산하여 임의의 이벤트에서 완료하는 작업의 전부가 늦어도 완료하지 않으면 안 되는 시각을 최지결합점시각이라 한다. 종료이벤트에서 양방향을 향하여 계산하여 그 이벤트에서 시작하는 작업 중에 가장 빨리 시작하지 않으면 안 되는 시각(최솟값)을 구한다.

여유 : SL_i

이벤트의 최조결합점시각과 최지결합점시각의 값을 비교할 때, 값이 같은 것과 다른 것이 있는 것이 있다. 이것은 동일 이벤트에서 시작해야 할 시각과 완료해야 할 시각에 차이가 있는 것은 여유가 있고, 차이가 없는 것에 있어서는 여유가 없는 것을 의미하고 있다. 이때의 최지결합점시각과 최조결합점시각의 차이를 여유(slack)라 하는데 다음 식으로 나타낸다.

여유 = 최지결합점시각 − 최조결합점시각

$$SL_i = LT_i - ET_i$$

(2) 작업시각

최조개시시각 : ES_{ij}

임의의 작업 ⓘ → ⓙ가 가장 빨리 시작할 수 있는 시각을 최조개시시각(Earliest Start Time)이라고 하는데 그 이벤트의 최조결합점시각이 된다.

최조시작시각(ES_{ij}) = ET_i (i의 최조결합점시각)

최조완료시각 : EF_{ij}

임의의 작업 ⓘ → ⓙ를 최조개시시각에서 시작한 경우의 작업이 완료되는 시각을 최조완료시각(Earliest Finish Time)이라고 하는데 다음 식으로 나타낸다.

최조완료시각(EF_{ij}) = 최조개시시각(ES_{ij}) + 소요시간(T_{ij})

최지완료시각 : LF_{ij}

공사를 소정의 공기로 완료하기 위해 임의의 작업 ⓘ → ⓙ가 지연되어도 완료하지 않으면 안 되는 시각을 작업의 최지완료시각(Latest Finish Time)이라 한다. 이벤트 ⓙ에서 완료하는 작업의 최지완료시각은 이벤트 ⓙ의 최지결합점시각과 동일하다.

최조완료시각(EF_{ij}) = LT_i (i의 최지결합점시각)

최지개시시각 : LS_{ij}

임의의 작업 ⓘ → ⓙ를 최지완료시각에서 완료하기 때문에, 그 작업을 시작하지 않으면 안 되는 시각을 그 작업의 최지개시시각(Latest Start Time)이라 한다. 작업 ⓘ → ⓙ의 최지완료시각(ⓙ의 최지결합점시각)에서 그 작업의 소요시간 T_{ij}를 당긴 시각이 그 작업의 최지개시시각이 된다.

최지개시시각(LS_{ij}) = 최지완료시각(LF_{ij}) - 소요시간(T_{ij})

6.1.3 여유시간과 주공정선

(1) 여유시간

작업에서는 최조완료시각과 최지완료시각이 같아지는 것과 그렇지 않은 것이 존재한다. 같아지는 경우에는 그 작업에서는 여유가 없지만, 다른 경우에는 최조개시시각에서 시작할 때, 최조완료시각과 최지완료시각 차이의 시간이 지연되어도 전체의 공기에 영향을 미치지 않는다. 즉, 그 작업은 여유시간(float)을 가지고 있는 것이 된다. 여유시간에는 다음에 표시하는 것이 있다.

전체여유시간 : TF_{ij}

임의의 작업(i, j)을 고려하면, 그 선행하는 작업이 최조개시시각에서 시작하여 예정대로 진행되었을 경우에 그 작업은 최조개시시각 ES_{ij}에서 시작할 수 있다.

또, 이 작업은 최지완료시각 LF_{ij}까지 완료하였다면, 공사 전체의 공기에 영향을 미치지 않으므로 $LF_{ij}-ES_{ij}$의 시간에 작업(i, j)을 실행하면 좋다.

따라서 작업의 소요시간 T_{ij}와 $LF_{ij}-ES_{ij}$와의 차이는 그 작업에 관한 여유시간이 되며, 이것을 전체여유시간(Total float) TF_{ij}라고 한다.

$$\begin{aligned} TF_{ij} &= (LF_{ij} - ES_{ij}) - T_{ij} = (LT_j - T_{ij}) - ET_i = LS_{ij} - ES_{ij} \\ &= LT_j - (ET_i - T_{ij}) = LF_{ij} - EF_{ij} \end{aligned}$$

전체여유시간 = 최지개시시각 − 최조개시시각

= 최지완료시각 − 최조완료시각

자유여유시간 : FF_{ij}

선행 작업이 전체여유시간 TF_{ij}의 일부 또는 전부를 사용해 버리면 후속하는 작업은 최조개시시각 ES_{ij}에서 시작할 수 없게 된다. 그래서 후속하는 작업의 최조개시시각 ES_{ij}에 영향을 미치지 않는 범위 내에서 작업(i, j)이 사용될 수 있도록 하는 여유시간을 자유여유시간(free float) FF_{ij}라 한다.

$$FF_{ij} = (ET_j - ET_i) - T_{ij} = ET_j - (ET_i + T_{ij}) = ET_j - EF_{ij}$$

자유여유시간 = j의 최조개시시각 − 최조완료시각

간섭여유시간 : IF_{ij}

간섭여유시간 IF_{ij}는 후속하는 작업의 최조개시시각에 영향을 미치는 것으로, 전체 공기에 대해서는 영향을 미치지 않지만, 후속작업의 최조개시시각에 영향을 미치는 여유시간을 간섭여유시간(interfering float)이라 한다.

$$
\begin{aligned}
IF_{ij} &= LT_j - ET_j = \{LT_j - (ET_i + T_{ij})\} - \{ET_j - (ET_i + T_{ij})\} \\
&= TF_{ij} - FF_{ij}
\end{aligned}
$$

간섭여유시간 = 전체여유시간 - 자유여유시간

(2) 최장경로(critical path)

네트워크공정표를 작성하면 전체여유시간이 0이 되는 작업이 구해진다. 이것은 필히 일련의 경로를 형성하는 것이며, 이 경로를 주공정선(critical path)이라고 한다. 주공정선 상의 작업 소요시간의 합계가 가장 긴 시간이 되며, 이 시간이 전체의 공기가 된다.

Excel 예제 6.1 네트워크공정표의 작성

〈그림 6.2〉에 표시한 네트워크공정표의 작업시각, 총 여유시간 등을 계산하고, 주공정선을 구한다.

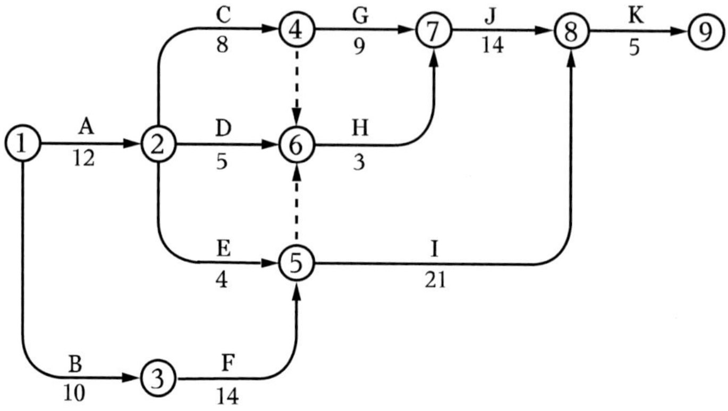

그림 6.2 네크워크 공정표

VBA (실행결과 예)

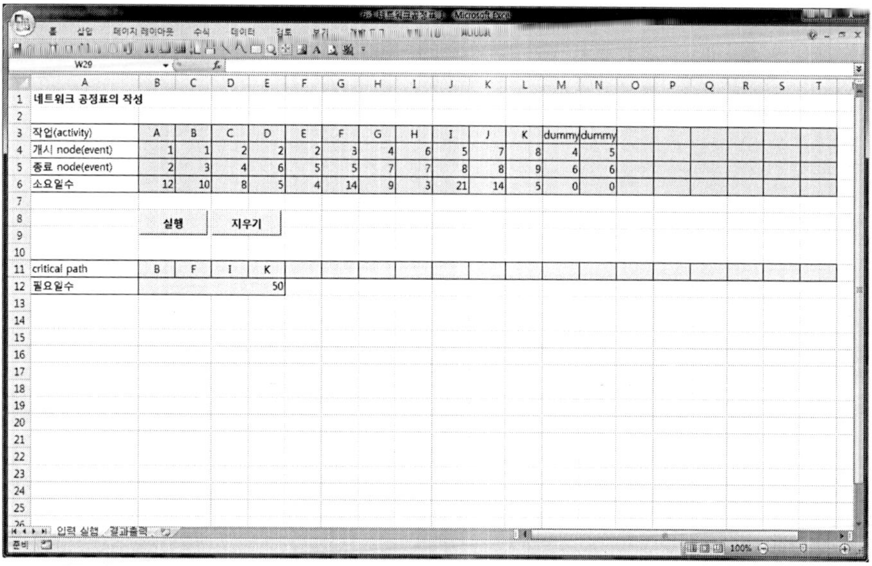

데이터시트

※ A~K 각 작업의 시작노드(이벤트), 종료노드, 소요일수를 입력

※ dummy 작업도 같은 방법으로 입력(작업일수는 0으로 한다.)

VBA (실행결과 예)

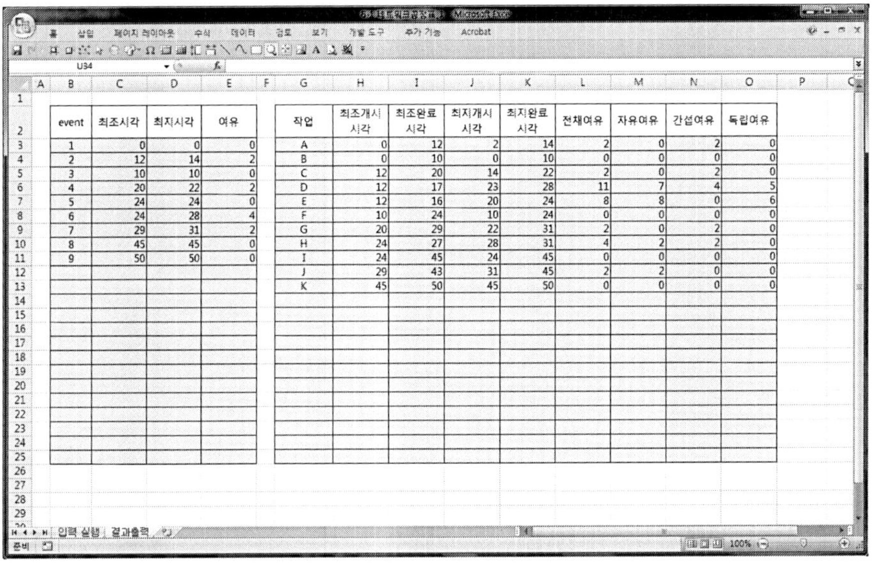

event	최조시각	최지시각	여유
1	0	0	0
2	12	14	2
3	10	10	0
4	20	22	2
5	24	24	0
6	24	28	4
7	29	31	2
8	45	45	0
9	50	50	0

작업	최조개시시각	최조완료시각	최지개시시각	최지완료시각	전체여유	자유여유	간섭여유	독립여유
A	0	12	2	14	2	0	2	0
B	0	10	0	10	0	0	0	0
C	12	20	14	22	2	0	2	0
D	12	17	23	28	11	7	4	5
E	12	16	20	24	8	8	0	6
F	10	24	10	24	0	0	0	0
G	20	29	22	31	2	0	2	0
H	24	27	28	31	4	2	2	0
I	24	45	24	45	0	0	0	0
J	29	43	31	45	2	2	0	0
K	45	50	45	50	0	0	0	0

출력결과시트

출력결과를 그림으로 그리면 아래 그림과 같이 된다.

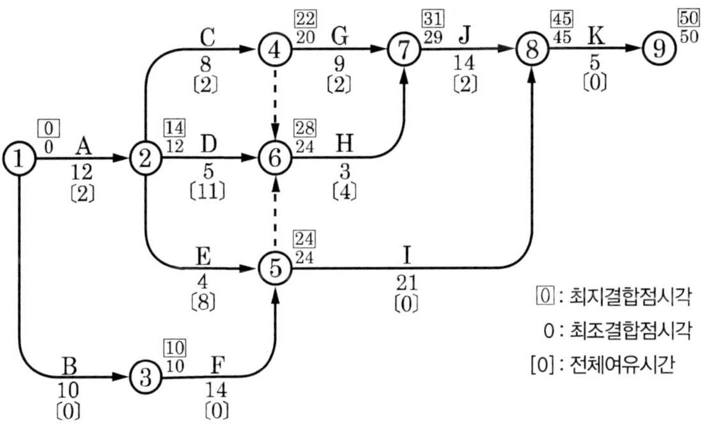

그림 6.3 네트워크 공정표(출력결과에서 작도)

VBA 프로그램 소스

```
Option Explicit

Sub CMD실행_Click( )

    Dim 개시노드( ) As Integer
    Dim 종료노드( ) As Integer
    Dim 작업( ) As String
    Dim 소요일수( ) As Integer
    Dim 액티비티( ) As Integer
    Dim 필요일수 As Integer
    Dim 작업수 As Integer
    Dim I As Integer

    '작업수 count
    작업수 = 0
    Do Until IsEmpty(Range("_개시노드").Offset(0, 작업수))
        작업수 = 작업수 + 1
    Loop
    ReDim 개시노드(1 To 작업수)
    ReDim 종료노드(1 To 작업수)
    ReDim 작업(1 To 작업수)
    ReDim 소요일수(1 To 작업수)
    ReDim 액티비티(1 To 작업수)

    '입력
    For I = 1 To 작업수
        개시노드(I) = Range("_개시노드").Offset(0, I - 1)
        종료노드(I) = Range("_종료노드").Offset(0, I - 1)
        작업(I) = Range("_작업").Offset(0, I - 1)
        소요일수(I) = Range("_소요일수").Offset(0, I - 1)
    Next

    Sheet2.Range("C3:O25") = ""
    Range("B10:AA10") = ""

    Call 공정_CriticalPath(개시노드, 종료노드, 작업, 소요일수, 액티비티, 필요일수)

    '출력
    Range("_필요일수") = 필요일수
    For I = 1 To 작업수
        If (액티비티(I) <> 0) Then
            Range("_액티비티").Offset(0, I - 1) = 작업(액티비티(I))
        Else
```

```
            Range("_액티비티").Offset(0, I - 1) = ""
        End If
    Next

End Sub

Sub 공정_CriticalPath(개시노드( ) As Integer, _
                      종료노드( ) As Integer, _
                      작업( ) As String, _
                      소요일수( ) As Integer, _
                      ByRef 액티비티( ) As Integer, _
                      ByRef 필요일수 As Integer)

    Dim 작업수 As Integer
    Dim 노드수 As Integer
    Dim I As Integer, J As Integer, 일수 As Integer, 노드 As Integer

    작업수 = UBound(개시노드)

    노드수 = 0
    For I = 1 To 작업수
        If (노드수 < 개시노드(I)) Then 노드수 = 개시노드(I)
        If (노드수 < 종료노드(I)) Then 노드수 = 종료노드(I)
    Next

    Dim 최조결합( ) As Integer
    Dim 최지결합( ) As Integer
    Dim 토털플로트( ) As Integer
    Dim 크리티컬패스( ) As Integer

    ReDim 최조결합(1 To 노드수)
    ReDim 최지결합(1 To 노드수)
    ReDim 토털플로트(1 To 작업수)
    ReDim 크리티컬패스(1 To 작업수)

    '각 노드의 최조결합
    For I = 1 To 노드수
        최조결합(I) = 0
        For J = 1 To 작업수
            If 종료노드(J) = I Then
                일수 = 최조결합(개시노드(J)) + 소요일수(J)
                If 일수 > 최조결합(I) Then 최조결합(I) = 일수
            End If
        Next
    Next
```

```
'각 노드의 최지결합
For I = 노드수 To 1 Step -1
    최지결합(I) = 최조결합(노드수)
    For J = 1 To 작업수
        If 개시노드(J) = I Then
            일수 = 최지결합(종료노드(J)) - 소요일수(J)
            If 일수 < 최지결합(I) Then 최지결합(I) = 일수
        End If
    Next
Next

'토털플로트
For I = 1 To 작업수
    토털플로트(I) = 최지결합(종료노드(I)) - (최조결합(개시노드(I)) + 소요일수(I))
Next

'크리티컬패스의 선정
J = 0
For I = 1 To 작업수
    If 토털플로트(I) = 0 Then
        J = J + 1
        크리티컬패스(I) = I
        액티비티(J) = I
    End If
Next I

'필요일수
노드 = 종료노드(크리티컬패스(1))
필요일수 = 소요일수(크리티컬패스(1))
For I = 2 To J
    If 노드 = 개시노드(크리티컬패스(I)) Then
        필요일수 = 필요일수 + 소요일수(크리티컬패스(I))
        If 종료노드(크리티컬패스(I)) = 노드수 Then
            Exit For
        Else
            노드 = 종료노드(크리티컬패스(I))
            I = 1   ' 최초
        End If
    End If
Next I

'출력
For I = 1 To 노드수
    Sheet2.Range("_최조결합점시각").Offset(I - 1, 0) = 최조결합(I)
    Sheet2.Range("_최지결합점시각").Offset(I - 1, 0) = 최지결합(I)
    Sheet2.Range("_슬랙").Offset(I - 1, 0) = 최지결합(I) - 최조결합(I)
```

```
    Next

    For I = 1 To 노드수
        Sheet2.Range("_이벤트NO").Offset(I - 1, 0) = I
    Next


    For I = 1 To 작업수
        If (소요일수(I) > 0) Then
            Sheet2.Range("_작업명").Offset(I - 1, 0) = 작업(I)
            Sheet2.Range("_최조개시시각").Offset(I - 1, 0) = _
                최조결합(개시노드(I))
            Sheet2.Range("_최조완료시각").Offset(I - 1, 0) = _
                최조결합(개시노드(I)) + 소요일수(I)

            Sheet2.Range("_최지개시시각").Offset(I - 1, 0) = _
                최지결합(종료노드(I)) - 소요일수(I)
            Sheet2.Range("_최지완료시각").Offset(I - 1, 0) = _
                최지결합(종료노드(I))

            Sheet2.Range("_전체여유").Offset(I - 1, 0) = _
                최지결합(종료노드(I)) - (최조결합(개시노드(I)) + 소요일수(I))
            Sheet2.Range("_자유여유").Offset(I - 1, 0) = _
                최조결합(종료노드(I)) - (최조결합(개시노드(I)) + 소요일수(I))

            Sheet2.Range("_간섭여유").Offset(I - 1, 0) = _
                최지결합(종료노드(I)) - 최조결합(종료노드(I))

            Dim 독립여유 As Integer
            독립여유 = 최조결합(종료노드(I)) - (최지결합(개시노드(I)) + 소요일수(I))

            If (독립여유 < 0) Then 독립여유 = 0

            Sheet2.Range("_독립여유").Offset(I - 1, 0) = 독립여유
        End If
    Next

End Sub

Private Sub 지우기_Click( )
    Range("B3:Z12") = ""
End Sub
```

6.2 품질관리($\bar{x}$-R 관리도)

$\bar{x}-R$관리도는 콘크리트 강도시험의 공시체에 의한 1조의 데이터 평균값 $\bar{x}$의 변화와 그 데이터의 범위 R을 그래프로 표시하는 것이며, 안정한 관리 형태에 있거나, 놓칠 수 없는 원인에 의한 변동이 있는 것을 알기 위하여 대단히 중요한 것이다. 품질의 격차가 우연히 일어난 것인지 또는 놓칠 수 없는 원인에 의한 것인지 분별하기 위한 한계선을 관리한계선(control limit line)이라 한다. 중심선을 사이에 두고 위쪽에 있는 것을 상한관리한계선(UCL), 아래쪽에 있는 것을 하한관리한계선(LCL)이라 한다.

$\bar{x}$ 관리도

중심선 $\quad CL = \bar{\bar{x}} = \sum_{i=1}^{k} \bar{x}_i / k$

상한관리한계 $\quad UCL = \bar{\bar{x}} + A_2 \bar{R}$

하한관리한계 $\quad LCL = \bar{\bar{x}} - A_2 \bar{R}$

R 관리도

중심선 $\quad CL = \bar{R} = \sum_{i=1}^{k} R_i / k$

상한관리한계 $\quad UCL = D_4 \bar{R}$

하한관리한계 $\quad LCL = D_3 \bar{R}$

여기서, k : 데이터(군)의 수

A_2 : 3시그마법(three sigma method)의 경우 $A_2 = 3\sigma\sqrt{1/n}$

2시그마법(two sigma method)의 경우 $A_2 = 2\sigma\sqrt{1/n}$

3시그마법의 경우에 계수 A_2, D_3, D_4는 아래 표와 같다.

표 6.1 3시그마법에 의한 계수

시료의 크기 n	x관리도	R관리도	
	$UCL = \overline{x} + A_2\overline{R}$ $LCL = \overline{x} - A_2\overline{R}$	$UCL = D_4\overline{R}$ $LCL = D_3\overline{R}$	
	A_2	D_3	D_4
2	1.88	–	3.27
3	1.02	–	2.57
4	0.73	–	2.28
5	0.58	–	2.11
6	0.48	–	2.00
7	0.42	0.08	1.92
8	0.37	0.14	1.86
9	0.34	0.18	1.82
10	0.31	0.22	1.78

Excel 예제 6.2 콘크리트 압축강도시험의 관리도 작성

엑셀에 의하여 콘크리트 압축강도시험의 $\overline{x}-R$관리 데이터시트 및 관리도를 작성한다.

워크시트 (실행결과)

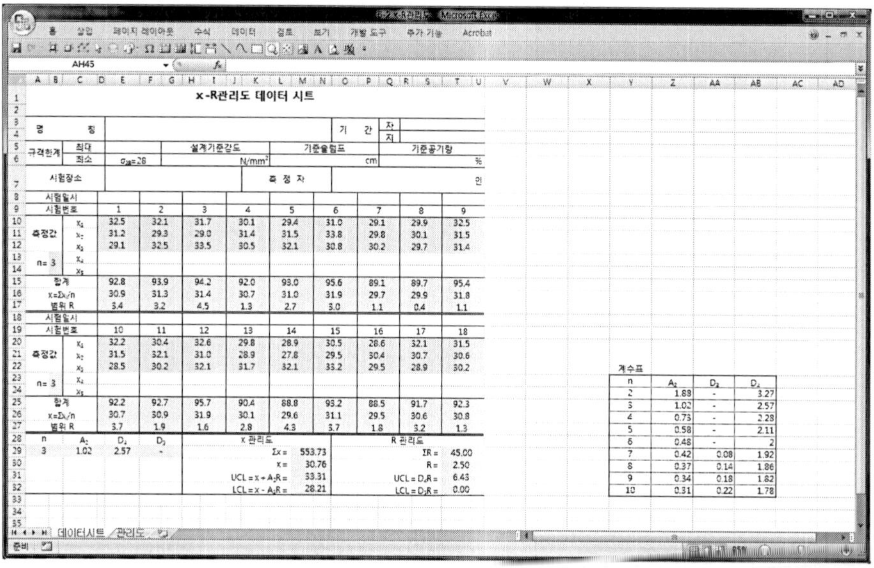

워크시트 (실행결과)

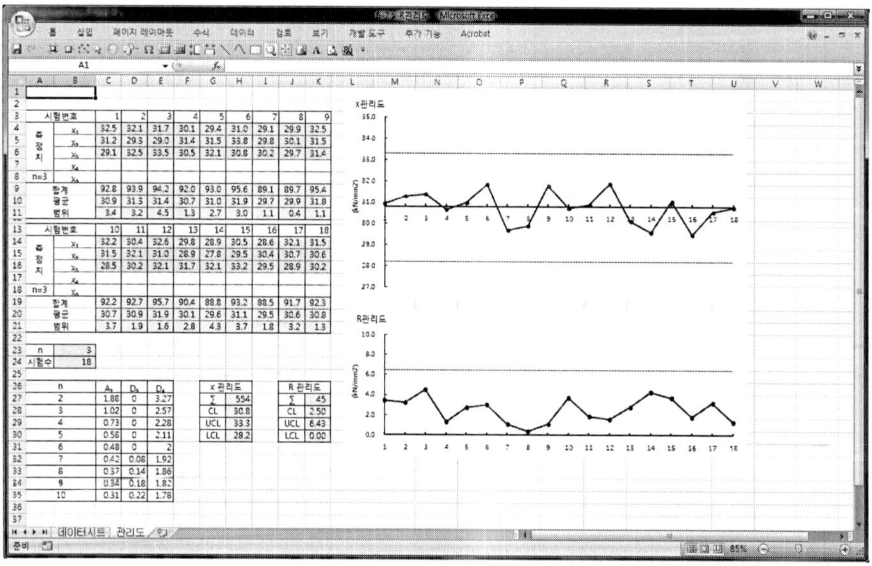

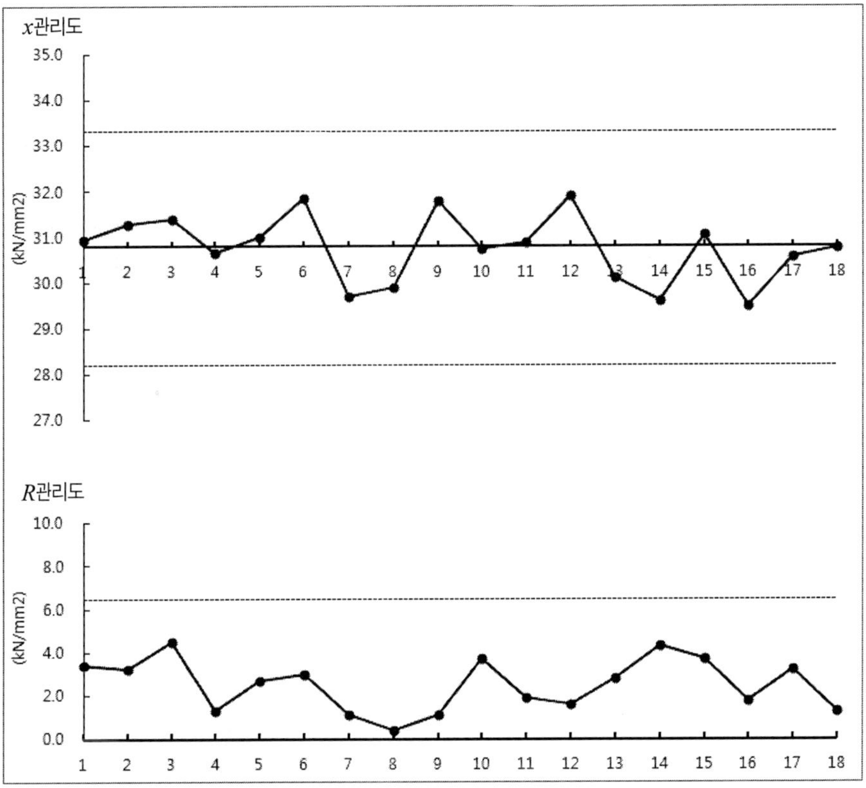
x관리도
35.0
34.0
33.0
32.0
31.0
30.0
29.0
28.0
27.0
(kN/mm2)
1 2 3 4 5 6 7 8 9 10 11 12 13 14 15 16 17 18
R관리도
10.0
8.0
6.0
4.0
2.0
0.0
(kN/mm2)
1 2 3 4 5 6 7 8 9 10 11 12 13 14 15 16 17 18

부 록: 프로그램 사용방법

1. 예제의 기본구성

이 책에 기재되어 있는 모든 예제는 엑셀의 워크시트(worksheet)에서 실제로 계산할 수 있습니다. 사용할 때, 입력데이터가 워크시트의 셀보다 작은 경우는 늘려서 추가하여 입력하여 주기 바랍니다. 입력값이 있는 셀의 개수를 셀 수 있도록 설정해 두었기 때문에 입력 수는 자유롭게 설정할 수 있습니다.

또한 입력수치에 들어 있는 셀은 녹색, 계산결과가 들어 있는 셀은 노란색으로 셀 자체에 배경색(책에서는 회색의 농도로 구별되어 있다) 채우기로 하고 있습니다.

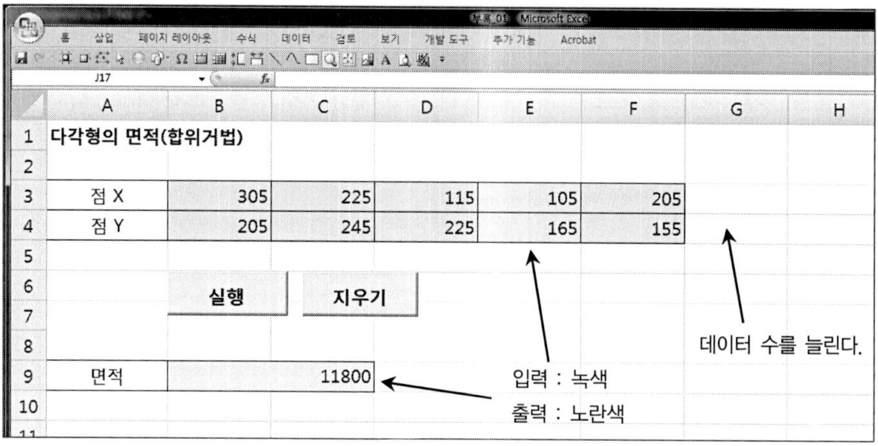

2. 프로그램의 작성·변경

2.1 셀의 이름

다른 셀과 구분을 쉽게 하기 위하여 이 책에 게재되어 있는 대부분의 예제에서 입출력 셀에는 "_"(Under bar)로 시작하는 문자의 이름이 있습니다.

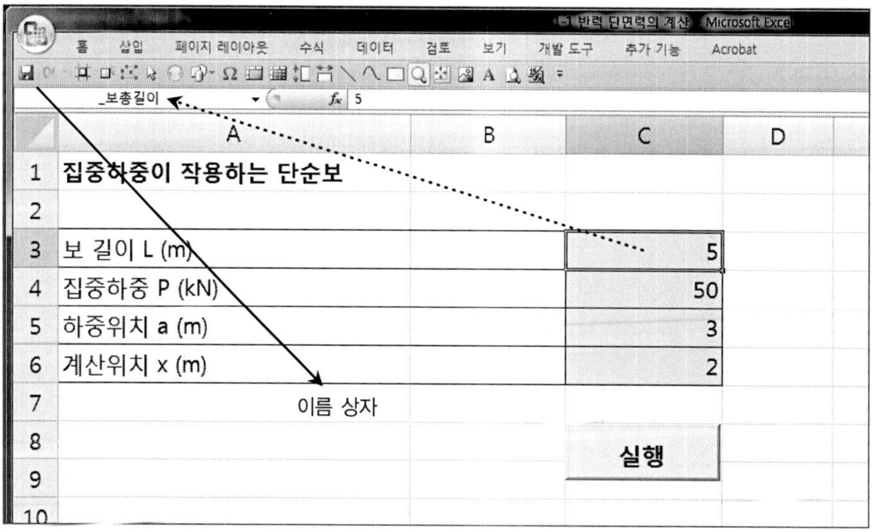

엑셀에서 실제로 셀에 이름을 붙이는 경우는 아래의 순서로 합니다. 셀「C3」에 「_보충길이」라고 하는 이름을 붙이는 경우는 다음과 같이 합니다.

① 「C3」 셀을 활성화합니다(C3 셀로 이동).

② 이름박스를 클릭합니다.

③ 「_보충길이」라고 입력합니다.

④ 「Enter」 키를 누릅니다.

이 책에서는 프로그램의 가독성을 고려하여 모든 셀에 한글이름이 붙여져 있는데, 실제로 작성할 때에는 표준으로 붙여져 있는 셀 이름을 사용하여도 상관없습니다.

2.2 프로그램의 입력·변경방법

이 책에서 사용하는 예제에서는 크게 분류하여 워크시트함수를 사용하는 것과 VBA(Visual Basic for Application)를 사용하는 것이 있습니다. 워크시트에서 「실행」이라고 하는 버튼이 있는 것은 전부 VBA로 프로그램이 작성되어 있습니다.

워크시트함수일 경우의 입력

「워크시트」라는 이름이 있는 예제의 경우에는 셀에 직접 식을 입력하여 주십시오. 입력수치 · 수식에 따라서는 계산결과가 에러가 되는 경우도 있는데, 그럴 때에는 올바른 입력값을 넣어 주십시오.

자주 있는 에러의 예

- 「#DIV/0!」…0(제로)에 의한 연산 에러

입력 값이 없는 경우 또는 계산에서 아무것도 얻을 수 없는 수치 등의 경우

- 「#VALUE!」…형 변환 에러

숫자가 들어갈 곳에 문자가 등을 입력한 경우

VBA일 경우의 입력

「VBA」라는 이름이 있는 예제의 경우에는 계산은 엑셀에 내장되어 있는 「Visual Basic Editor」에서 보기 및 편집을 할 수 있습니다. VBA의 예제는 「Sub CMD실행_Click( )」이라고 하는 함수와 계산을 담당하는 1개 이상의 함수로 구성되어 있습니다.

「Sub CMD실행_Click( )」은 실행버튼을 눌렀을 때에 실행되는 함수입니다. 어떤 예제에서도 다음과 같은 일련의 작업을 실행합니다.

1) 셀에서의 데이터 읽기
2) 계산하는 함수의 호출
3) 계산결과를 셀에 기록

실제의 계산 부분은 '2)'에서 호출한 함수가 담당합니다.

프로그램에서 사용되는 변수는 사용하기 전에 전부 형을 선언해야 하는데, 이 책에서는 한글이름을 사용하였습니다. 계산부분의 함수는 전부 "계산_"이라는 접두어로 시작합니다. 입력과 출력의 변수는 인수로 받고 있습니다.

2.3 프로그램의 작성

버튼의 작성(Office2007의 경우)

VBA를 실행하기 위해서는 버튼을 작성할 필요가 있습니다. 버튼을 작성할 때에는 「ActiveX 컨트롤」에 있는 버튼을 사용합니다. [개발도구] - [컨트롤]의 [삽입]을 클릭하여 주십시오.

① [명령단추] 버튼을 클릭합니다.
② 시트의 작당한 곳을 클릭하여 버튼을 배치합니다.
③ 「이름 상자」에 "CMD_실행"으로 입력합니다.

여기서 명령단추의 이름을 편집하기 위해서는 「디자인모드」를 클릭하고 명령단추를 선택한 상태에서 마우스 우측버튼을 클릭하고 [명령단추 개체(O)] - [편집(E)]을 선택하면 버튼에 표시되어 있는 문자를 변경할 수 있습니다. 다른 방법으로는 [속성(I)]를 클릭하면 '속성상자'가 표시됩니다. 여기서 [Caption]항목에 있는 문자를 직접 입력하여 변경하면 됩니다.

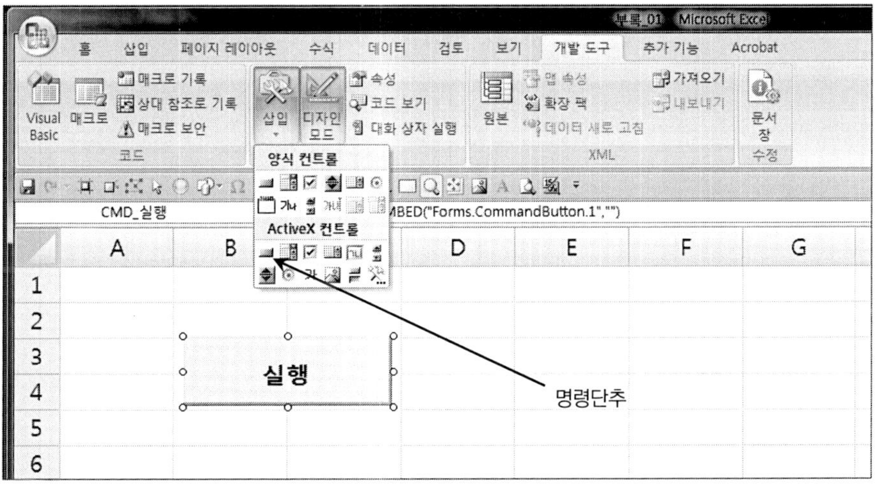

프로그램의 기입

명령단추를 클릭하였을 때에 실행되는 프로그램을 작성하기 위해서는 디자인모드에서 작성한 명령단추 버튼을 더블클릭하거나 왼쪽에 있는 「Visual Basic」 버튼을 클릭하여 Visual Basic Editor 화면을 실행합니다.

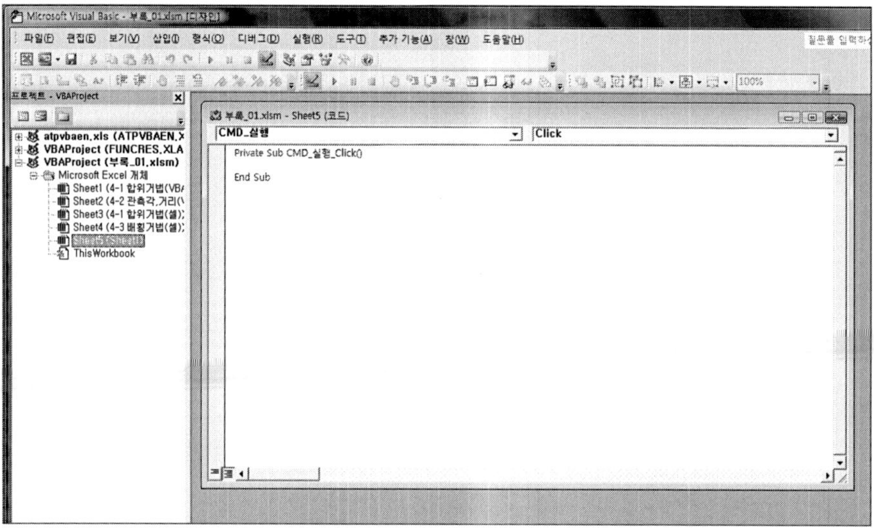

위의 화면이 표시되면 프로그램을 직접 코딩하여 주십시오. 코딩이 완료되면 엑셀로 돌아가 명령단추를 클릭하는 것에 의하여 실행시킬 수 있습니다. 입력에 에러가 있는 경우에는 실행이 되지 않기 때문에 올바르게 입력하여 주십시오.

VBA 프로그램에 대해서는 시중에 많은 책이 출판되어 있으므로 참조하기 바랍니다.

VBA에 의한 프로그램 예

```
Option Explicit

Sub CMD실행_Click( ) ··· [실행]버튼을 클릭하면 실행

    Dim 보총길이 As Double ··· 입출력에서 사용하는 변수의 선언
    Dim 등분포하중 As Double
    Dim 하중위치 As Double
    Dim 지점반력 As Double
    Dim 전단력 As Double
    Dim 휨모멘트 As Double
    Dim 최대휨모멘트 As Double

    '입력
    보총길이 = Range("_보총길이") ··· 셀에서 입력값의 읽기
    등분포하중 = Range("_등분포하중")
    계산위치 = Range("_계산위치")

    Call 계산_등분포하중이_작용하는_단순보(보총길이, 등분포하중, 계산위치, _
            지점반력, 전단력, 휨모멘트, 최대휨모멘트) ··· 계산부의 함수호출

    '출력
    Range("_지점반력") = 지점반력
    Range("_전단력") = 전단력
    Range("_휨모멘트") = 휨모멘트
    Range("_최대휨모멘트") = 최대휨모멘트

End Sub

Sub 계산_등분포하중이_작용하는_단순보 (보총길이 As Double, _
                                      등분포하중 As Double, _
                                      계산위치 As Double, _
                                      ByRef 지점반력 As Double, _
                                      ByRef 전단력 As Double, _
                                      ByRef 휨모멘트 As Double, _
                                      ByRef 최대휨모멘트 As Double) ··· 계산부의
                                                                   함수선언

    지점반력 = 등분포하중 * 보총길이 / 2
    전단력 = 지점반력 - 등분포하중 * 계산위치
    휨모멘트 = 지점반력 * 계산위치 - 등분포하중 * 계산위치 * (계산위치 / 2)
    최대휨모멘트 = 등분포하중 * 보총길이 ^ 2 / 8

End Sub
```

찾아보기

ㅅ

ㅇ

ㅈ

ㅊ

ㅋ

ㅌ

ㅍ

ㅎ

기 타

엑셀 강좌시리즈 4

엑셀을 이용한 토목공학 입문

초판인쇄 2012년 5월 14일
초판발행 2012년 5월 21일

저　　자 IT환경기술연구회
감 수 자 다나카 슈조
역　　자 황승현
펴 낸 이 김성배
펴 낸 곳 도서출판 씨·아이·알

책임편집 이정윤
디 자 인 강범식, 윤정선
제작책임 윤석진

등록번호 제2-3285호
등 록 일 2001년 3월 19일
주　　소 100-250 서울특별시 중구 예장동 1-151
전화번호 02-2275-8603(대표) 팩스번호 02-2275-8604
홈페이지 www.circom.co.kr

ISBN 978-89-92259-86-6 94530
978-89-92259-69-9 (세트)
정가 18,000원